개정판

표본추출방법론

Reseach Methods in Sampling

김호일 지음

KM 경문사

머리말 ····

빅 데이터에 대한 연구가 많아지는 때이지만 그래도 많은 경우 모집단의 정보를 알기 위해 표본을 추출하는 경우가 있다. 따라서 본 저서의 목적은 모집단을 정확하게 추정하기 위하여 표본을 어떤 방법으로 추출하고 추출된 표본이 모집단과의 관계가 어떠한지를 파악하는 것이다.

본 저서는 그런 자료들을 어떻게 수집해야 하고 어떤 방법으로 수집할 때 정확한 결과를 얻을 수 있는지를 알려주고 있다. 이 책은 지금까지의 선배 교수들이 저술한 책들과 다르게 표본추출에서 중요한 몇 가지 방법론을 한 학기에 마칠 수 있도록 하였으며, 무엇보다도 실제 발생할 수 있는 예제를 중심으로 풀고 또 그 예제를 자기 자신의 문제로 만들기 위한 연습을 예제마다 추가하였다.

본 저서의 전반적인 구성은 제1장 표본조사의 개념으로 시작하여, 제2장 표본조사의 이론을 통해 표본조사의 기본을 익히고, 제3장에서부터 단순임의추출로 시작하여 층화임의추출, 계통추출, 단순집락추출, 이단집락추출로 전개하였다. 따라서 이 책은 표본추출을 한 학기에 마칠 수 있는 순수 표본추출 방법론이 되겠다. 더불어 조사에 필요한 설문지 작성법과 같은 방법론들은 따로 공부하여야 할 것이다.

글재주가 없는 사람이 여러 해 동안 표본조사론을 강의하면서 얻은 결과물이라 생각하니 부끄러울 따름이다. 이 책을 내는 데 여러 가지로 배려해준 도서출판 경문사 사장님을 비롯한 여러분께 감사함을 이 글로 대신한다.

2023년 2월

김호일

차례

제4장 층화임의추출

제5장 계통추출

제6장 단순집락추출

제7장 이단집락추출

부록

제 1 장

표본조사의 개념

1.1 | 통계학과 조사

1.1.1 통계학

본 표본추출방법론을 공부하기 위해서는 통계학의 기초가 필요하다. 그러나 자세한 통계학 이론은 다른 책이나 강의를 이용하도록 하고 여기서는 통계학의 의미만 생각해 보기로 한다. Davidian, M.과 Louis, T. A.는 2012년도 《사이언스(Science)》에 다음과 같이 통계학에 대해 언급하였다(science, 2012).

> "Statistics is the science of learning from data, and of measuring, controlling, and communicating uncertainty; and it thereby provides the navigation essential for controlling the course of scientific and societal advances."

또한 미국통계학회 회장을 지낸 Jon Kettenring(1997)도 통계학을 다음과 같이 언급하였다.

> "I like to think of statistics as the science of learning from data ... It presents exciting opportunities for those who work as professional statisticians. Statistics is essential for the proper running of government, central to decision making in industry, and a core component of modern educational curricula at all levels."

더 나아가 프린스턴 대학 교수를 지낸 John Tukey는 통계학자를 다음과 같이 언급하였다.

> "Statisticians apply statistical thinking and methods to a wide variety of scientific, social, and business endeavors in such areas as astronomy, biology, education, economics, engineering, genetics, marketing, medicine, psychology, public health, sports, among many. "The best thing about being a statistician is that you get to play in everyone else's backyard."

이 세 건의 통계학에 대한 정의에서 알 수 있는 것은 통계학이 결국 모든 사회현상에서 발생하고 있는 자료를 다루는 학문이라 할 수 있다. 국내에서는 한국통계학회가 발간한 《통계용어사전》(1991)에서 '통계학'을 "연구목적에 필요한 자료 및 정보를 최적한 방법으로 수집하고 수집한 자료를 과학적이고 논리적인 이론에 의하여 정리, 분석하는 학문"이라 하였다.

1.1.2 조사

위의 통계학 정의 내용 중에서 "자료 및 정보를 최적한 방법으로 수집하고"에 중점을 둔다면 이는 조사(Survey)라는 새로운 영역이 생겨난다. 시카고 대학 교수인 Fritz Scheuren이 미국통계협회에서 정의한 조사는 다음과 같다.

> "Today the word 'survey' is used most often to describe a method of gathering information from a sample of individuals. This 'sample' is usually just a fraction of the population being studied."

국내의 《통계용어사전》(1991)에는 조사를 "인간의 생활과 그를 둘러싸고 있는 환경 전반에 걸쳐 정보를 얻기 위해 행해지는 행위"라고 언급하고 있다. 즉 어떤 한 인간이 자기가 알고자 하는 것에 대한 정보를 얻기 위해 행해지는 행위가 조사라 할 수 있다. 그러기 위해서는 조사 관찰 대상이 존재하게 되고 그 대상에 대한 과학적으로 정보를 얻기 위해 나름의 체계화된 연구가 필요하게 된다. 이런 의미에서 조사는 체계적이면서 논리적이고 과학적인 방법이다. 조사에는 전수조사가 있고 표본조사가 있다.

1.2 | 전수조사와 표본조사

전수조사(센서스: census)란 조사하고자 하는 대상이 되는 집단 즉, 모집단(조사하고자 하는 대상이 되는 집단 전체)을 이루는 모든 개체를 조사하여 모집단의 특성을 측정하는 방법으로, 통계청에서 5년마다 한 번씩 실시하는 인구주택총조사가 그 대표적인 예이다. 그러나 대부분의 조사는 비용과 시간의 제약으로 전수조사가 아닌 표본조사(survey sampling)로 이루어진다. 표본조사는 관심의 대상이 되는 전체 모집단 중 일부(표본)를 선택하고 그 선택된 일부만을 대상으로 조사를 실시하여 이로부터 전체 모집단의 특성을 추정해 내는 방법이다.

표본조사는 전수조사에 비해 비용과 시간이 절약되고 심도 있는 조사가 가능하다는 점 등에서 장점이 있다. 다만, 모집단에서 추출한 소수의 표본이 전체 모집단의 특성을 잘 대표해야만 한다. 즉, 표본조사는 소수의 표본을 통해 전체 모집단의 특성을 추정해 내는 것이므로 그 표본이 전체 모집단을 잘 대표할 때는 효과적으로 사용될 수 있지만 그렇지 않을 때는 문제가 생길 수도 있다.

1.3 | 표본조사

우리나라에서 대통령을 선출할 경우 대통령을 선출할 수 있는 유권자는 투표할 수 있는 자격이 있는 전국의 유권자가 된다. 많은 경우 대통령 후보자가 투표일 며칠 전에 자신의 예상 득표율을 알고 싶은 경우가 생긴다. 이 경우 전국의 유권자를 다 조사한다는 경우는 현실적으로 불가능하다. 이 전국의 유권자를 다 조사하는 경우를 앞에서 언급한 것처럼 전수조사라 하고 그 중에 적절한 몇 명만을 추출하여 조사하는 방법을 표본조사라 한다. 즉 전수조사에서는 전체 단위들에 대하여 개개 단위들 모두 조사한 반면에 표본조사에서는 전체 모집단 중 일부의 부분집단을 추출하여 그 추출된 일부분을 대상으로 조사를 실시하고 이때 얻은 정보를 이용하여 전체 모집단에 대한 특성을 추정하게 된다. 즉 어떠한 특징을 알고자 하는 모든 대상을 모집단(population)이라고 하고 그 중에 일부를 뽑아 전체 모집단의 특징을 파악하려는 경우에 그 뽑힌 자료를 우리는 표본(sample)이라 한다. 따라서 이 표본에 의한 조사를 표본조사라 한다. 이 표본조사의 근본 목적은 조사자가 적은 표본을 가지고 큰 전체 모집단에 관한 특징을 알아내는 것이다. 당연히 큰 모집단에서 적은 표본으로 전체의 특징을 정확히 알아내기 위해서는 체계적이고 과학적인 방법론을 적용한 조사를 하여야 한다. 이러한 체계적이고 과학적인 방법을 기초로 한 조사라 함은 조사 대상이 무엇이며, 조사 자료를 어떤 방법으로 어떻게 뽑을 것인가 등이 포함되어 있다. 따라서 모집단 전체를 조사하는 경우보다 모집단 중에 표본을 조사하는 것이 여러 면으로 장점이 많을 수 있다.

표본조사의 가장 큰 장점은 모집단을 일부, 즉 표본으로 모집단 전체를 설명하는 능력이다. 조사를 행하는 데 있어서 드는 비용은 확실히 전체조사를 했을 경우보다 적게 든다. 적절히 수행되는 표본조사라는 것은 자료의 정보를 정확히 얻기 위하여 표본을 적절하게 그리고 합리적으로 뽑는 방법이다. 따라서 어떤 사회나 단체를 대표하는 몇 사람을 추출하여 조사를 하게 되면 그 사회나 단체의 특징을 연구할 수 있는 것과 같은 의미를 갖게 될 것이다. 표본조사의 구체적인 장점은 다음과 같다.

① **경제성**: 아무래도 전체를 조사하는 것보다 부분을 조사하는 것이 비용과 노력이 적게 들 것이다.

② **신속성**: 표본조사의 경우 전수조사보다 자료가 적기 때문에 자료수집과 자료처리 면에서 훨씬 빠르다. 이러한 이유 때문에 많은 분야에 표본조사가 쓰이고 있다. 따라서 정책결정과 같은 빠른 의사 결정을 해야 할 경우 전수조사보다는 표본조사의 경우가 훨씬 낫다.

③ **전수조사가 불가능한 경우**: 경제적 · 시간적 제약으로 전수조사에서 불가능한 복잡한 조사, 즉 모집단이 무한히 많거나 모집단 파악이 불가능한 경우에도 표본조사는 가능하다. 예를 들어 전구의 수명검사와 같은 제품의 파괴검사, 혈액검사 등과 같이 전수조사가 불가능한 경우는 표본조사가 필수적이다.

④ **심도 있고 세밀한 조사가 가능**: 아무래도 많은 수의 조사보다는 적은 수를 추출하여 조사를 하게 되므로 좀더 심도 있고 자세한 조사가 가능하다.

⑤ **조사의 정확성**: 표본조사에서 나타나는 표본오차가 전수조사로 나타나는 비표본오차가 보다 더 적을 수가 있다. 즉 많은 양과 시간을 필요로 하지 않으므로 실제 조사과정에서 조사원에 대한 철저한 관리와 유능한 조사원들을 고용하여 비표본오차를 줄일 수 있다. 전수조사의 경우 조사규모가 방대하여 자료의 입력, 처리과정 등에서 오류가 발생하기 쉽다.

그러나 표본조사가 갖는 한계점 또한 있다.

① **정확하지 못한 추출로 인한 오류**: 모집단을 제대로 대표하지 못하는 표본을 사용할 경우 잘못된 통계를 만들게 된다. 그 예로 미국의《리터러리 다이제스트》의 경우를 보자. 1890년부터 1938년까지 발행된 이 잡지는 매번 대통령선거 때마다 여론조사를 했다. 그 중에서도 1936년 미국 대통령선거는 랜든 후보(상류층이 지지)와 루스벨트 후보(서민층이 지지)의 대결이었는데 전화번호부와 자동

차 등록대장을 사용하여 1,000만 명의 사람들에게 우편으로 설문지를 배포하여 회수된 230만 명에 대하여 조사를 하였다. 그 결과 랜든 후보의 득표율 57%, 루스벨트 43%로서 랜든의 압도적 승리 예상을 하였지만 실제 결과는 루스벨트 후보의 압도적 승리로 끝났다. 즉 루스벨트는 60%를 얻었고 랜든은 40%를 얻었다. 모집단은 미국 전체의 유권자이지만 표본추출을 전화번호부(당시 전화를 소지한 비율이 35% 정도)와 자동차 등록대장을 사용하였기 때문에 표본이 모집단 내의 서민층을 반영하지 못하여 나타난 결과이다. 경제적으로 소외된 계층이 루스벨트의 뉴딜정책을 적극 지지해 그에게 몰표를 가져다준 결과이다. 결국 2년 후 이 회사는 없어지고 만다. 따라서 아무리 많은 표본이라도 표본이 모집단을 적절히 반영하지 못하면 현실을 왜곡한 통계 결과를 만들게 된다. 반면에 여론조사기관인 갤럽에서는 단지 20,000명을 대상으로 조사하였지만 거주지, 연령, 성별, 인종과 같은 기준에 따라 유권자 전체의 구성비율과 같도록 표본을 추출함으로써 루스벨트의 승리를 예견하였다(루스벨트 54%, 랜든 46%). 이와 같이 표본을 적게 뽑아도 정확한 방법에 의해 추출될 때 정확한 예측을 할 수 있다. 또 다른 예로 1948년 미국 대통령선거에서 당시 여론조사기관인 Roper, Crossley, Gallup 등은 공화당 후보로 출마한 듀이가 민주당 후보로 출마한 트루먼보다 5% 이상의 지지율 차이로 승리를 예측하였다. 그러나 실제 선거결과는 트루먼의 승리로 나타났다. 이와 같이 표본조사에 있어서 모집단을 제대로 대표하지 못한 표본을 사용할 경우에는 잘못된 통계를 만들어 낼 수 있다.

② **표본조사를 통해서는 모집단 내 희소한 부차모집단의 특성까지 알기는 힘들 경우**: 희귀한 질병과 같이 숫자상으로 적은 경우에는 표본조사가 힘들다. 당연히 이 경우에는 전수조사 내지 많은 숫자의 표본조사가 이루어져야 한다.

1.4 | 기본용어

모집단(population)

모집단이란 조사 목적의 전체 집단의 모든 기본단위의 집합이다. 예로 대통령선거에 관한 여론조사를 하고자 할 때는 선거에 참여할 수 있는 모든 유권자가 모집단이 된다. 모집단의 종류로 유한모집단과 무한모집단이 있다. 이는 모집단을 구성하는 기본단위의 수가 유한인지 무한인지에 따라 결정된다. 일반적으로 표본조사에서 다루는 대부분의 문제는 유한모집단의 예들이다. 따라서 표본조사를 실시하기 위해서는 모집단에 대한 명확한 정의가 필요하다. 예로 대통령선거에 관한 여론조사 조사원은 반드시 투표권이 있는 사람에 한하여 조사를 해야 한다. 실제 조사에서는 모집단을 목표모집단과 조사가능 모집단으로 나누기도 한다. 목표모집단(target population)이란 조사목적에 의해 개념상 규정된 모집단이며, 조사가능 모집단(accessible population)은 표본을 추출하기 위해 규정된 모집단이다. 실제 두 모집단은 일치하여야 한다. 그러나 현실적으로 두 모집단은 일치하지 않는다.

모수(parameter)

모집단의 특성을 나타내는 것을 통틀어 모수라 한다. 즉 모집단의 평균, 총계, 비율, 분산 등이다. 이 모수는 대부분 모집단의 특성값이므로 알지 못하는 경우가 대부분인데 모수를 추정하기 위하여 표본값을 이용하는 것이다.

통계량(statistics)

통계량은 모집단의 특성값, 즉 모수를 알기 위하여 표본에서 얻은 값을 말한다. 즉 모수의 한 특성치인 모평균을 알기 위하여 표본평균을 이용하고, 모총계를 알기 위하여 표본총계를 이용하고, 모비율을 알기 위하여 표본비율을 이용하게 되는데 이 표본평균, 표본총계, 표본비율을 모두 통계량이라 한다.

기본단위(단위: unit)

표본조사에서 모집단의 특성이 되는 필요한 정보를 알아내기 위해 관찰, 면접을 할 때 조사의 대상이 되는 구성 요소를 말한다. 정확한 표본조사를 위해서는 명확하게 기본단위가 정의되어야 하고 또 구체적으로 확인할 수 있어야 한다. 뒤에 나오는 추출단위와는 구분됨에 주의해야 한다. 예로 어느 지역에서 여론조사를 한다면 그 지역의 주민들을 대상으로 하는 조사이므로 그 지역주민임을 증명하는 그 지역의 주민등록자가 될 것이다. 또 십대들의 시청률 조사를 하고자 한다면 십대들을 대상으로 하는 조사이므로 십대들이 기본단위가 된다. 가구 별로 가족수를 조사한다면 각 가구가 기본단위가 된다.

추출단위(sampling unit)

표본조사를 하기 위한 표본추출에서 실제로 추출되는 기본단위들을 추출단위라 한다. 예로 대통령선거 여론조사는 하는 데 있어서 먼저 가구를 선택하게 되고 그 가구 내에 있는 투표권이 있는 유권자를 조사하게 된다. 이 경우 추출단위는 가구가 되고 유권자는 기본단위가 된다. 가구의 특성을 묻는 가구조사의 경우에는 기본단위와 추출단위 모두가 가구가 된다.

추출대장(추출틀: sampling frame)

연구대상의 모든 기본단위의 목록, 즉 모집단 내의 모든 추출단위들의 목록을 말하며 이로부터 최종적인 표본추출이 된다. 추출대장은 모집단의 모든 추출단위를 누락없이 그리고 중복 없이 포함해야 한다. 추출대장은 조사 가능한 모집단의 구체적 표현이다. 추출대장이 불완전하면 왜곡된 통계가 작성될 수 있다. 앞에서도 예를 들었지만 1936년 미국 대통령선거의 경우에 불완전한 추출대장을 사용해서 표본조사를 실시하여 실패한 사례이다.

추출단위를 결정할 때 유의해야 할 중 하나는 모집단과 추출대장이 서로 일치하는가를 봐야 한다. 추출대장이 모집단보다 적거나 클 수가 있다. 추출대장이 모집단보다 적은 경우 실제조사에 있어서 모집단이 표본에 포함되지 못하는 경우가 발생하므로 모집단의 대표성이 떨어질 수 있다. 예를 들어 어떤 단체 회원들을 대상으로 조사를 하고자 할 때 모집단은 전체 회원이 되고 추출대장은 회원리스트가 될 것이다. 그러나 회원리스트에 포함되지 않은 회원들도 있으므로 이 경우는 추출대장이 모집단보다 적은 경우가 된다. 또 반대로 추출대장이 모집단보다 큰 경우가 있을 수 있다. 예를 들어 월간지를 1년 이상 구독한 사람들을 모집단으로 하여 월간지의 내용에 관한 조사를 하고자 할 때 월간지 구독기간이 기본 1년이지만 때에 따라서 6개월만 구독하는 사람도 포함될 수 있다.

또 주의할 점은 미리 결정된 추출대장을 현실적으로 만들 수 있는가에 대한 검토가 우선되어야 한다. 예를 들어 우리나라 가구당 평균소득 조사인 경우 기본단위는 가구이지만 만약 추출단위를 가구로 결정하였다면 우리나라 전체 가구에 대한 방대한 양의 추출대장이 필요하다. 이는 너무 방대하여 불가능하지만 만약 추출단위를 동으로 한다면 전국의 전체 동에 대한 목록을 만드는 것은 가구목록을 만드는 것보다 훨씬 수월하게 된다.

1.5 | 표본추출방법

앞에서 언급했지만 표본(sample)은 모집단의 특성을 알아보기 위하여 모집단의 추출단위 중에서 추출된 부분집합을 말한다. 따라서 올바른 표본의 추출은 표본조사의 중요한 부분이다. 이에 따라 표본추출방법이 중요한 문제로 떠오르는데 그 종류로는 크게 비확률추출법(Nonprobability sampling method), 확률추출법(Probability sampling method)이 있다.

1.5.1 비확률추출법

비확률추출법은 각 추출단위에 객관적인 추출확률을 부여하지 않고 조사자의 주관적인 판단에 의해 표본을 뽑는 방법을 말한다. 따라서 확률에 의하여 추출된 경우가 아니므로 어떤 정확한 확률치를 정할 수가 없다. 비확률추출법의 대표적인 예로 전형추출(judgement sampling), 할당추출(quota sampling), 눈덩이추출(snowball sampling)이 있다.

① 전형추출법

표본을 추출하는 데 해당 분야의 조사자가 그의 지식과 경험에 의하여 모집단을 대표한다고 생각되는 추출단위를 주관적으로 선정하여 표본을 추출하는 법을 말한다. 예로 서울시의 소득조사를 하기 위해 전문가인 조사원이 가구원 수나 소득이 서울시의 평균적이라고 판단되는 가구를 표본으로 선정, 추출하는 방식을 말한다. 이 방법은 주관적인 판단이 많으므로 과학적인 조사방법이라고 할 수 없다. 그러나 다른 방법보다 시간적으로나 비용면에서 많은 장점을 갖고 있고 전문가가 정확히 판단할 경우에는 의외로 좋은 결과가 나올 수 있으므로 가끔 사용되기도 한다. 그래도 주관적인 의도가 많이 내포되어 있으므로 위험성이 높아 이보다 나은 할당추출법이 도입되었는데 이는 다소간 전형추출법에서 나타나는 이러한 결점을 보완하기 위해 도입되었다.

② 할당추출법

할당추출법은 모집단의 분포와 똑같게 표본의 기본단위들을 조사자의 주관적인 판단에 따라 추출하는 방법이다. 예를 들어 전체 대학생의 용돈에 대해 조사하려면 먼저 학생처에서 조사하는 시점의 대학생 수를 파악하고 대학생들의 학과, 학년, 성별 분포를 알아본 다음 표본을 전체 대학생의 비와 같은 방법으로 학과별, 학년별, 성별별을 표본으로 뽑는 방식을 말한다. 따라서 이는 조사자의 판단에 따라 결정되며 단지 각 범주에 구성비율만을 유지하기만 하면 된다. 그러나 이 방법 역시 표본추출 시 조사자의 주관이 개입되어 표본으로부터 구한 결과는 과학적인 결과가 되지 못한다. 그러나 얼마 전까지도 영국에서의 여론조사는 이 할당추출법을 많이 사용하였다.

③ 눈덩이추출법

눈덩이추출법은 조사자가 적절하다고 판단하는 조사대상자들을 선정한 다음, 그들에게 또 다른 조사대상자를 추천하도록 하는 방법이다.

1.5.2 확률추출법

확률추출법은 표본의 추출이 조사자의 주관에 의존하는 것이 아니라 추출단위에 대하여 사전에 일정한 추출확률이 주어지는 표본추출방법이다. 그러기 위해서는 모든 연구대상이 표본으로 추출될 확률이 알려져 있어야 하며 표본의 구성요소들이 추출되기 위해서는 무작위적인 추출, 즉 확률적으로 추출 가능성이 동등해야 한다. 확률추출법의 예로는 우리가 앞으로 배우게 되는 단순임의추출법, 층화임의추출법, 계통추출법, 단순집락추출법, 이단집락추출법 등이다. 확률추출법은 표본이 모집단의 특성이나 구조를 잘 반영하며 표본추출방법이 객관적으로 이루어져, 주어진 추출방법에 따라 누구나 표본추출이 가능하다. 또 추정의 정밀도나 신뢰도를 계산하여 구할 수 있으므로 정확한 추출법이다. 보편적으로 표본조사의 추출법이라 함은 확률에 의한 표본추출법을 의미한다.

제2장

표본의 이론

2.1 | 표본의 추정

본 장에서는 표본으로 얻은 표본 통계량의 특징에 관하여 알아보기로 한다. 앞서 언급했지만 표본조사의 주요한 목적의 하나는 모집단의 평균, 총계, 비율과 같은 모수들을 정확히 추정하는 것이다.

예를 들어 표본평균 $\bar{y}$는 모집단 평균 μ의 추정량이다. 표본 중앙값 $\tilde{y}$ 역시 μ의 추정량이다. 그러면 두 추정량 중 어느 것이 더 정확한 추정량이라 할 수 있을까? 표본분포의 성질을 알아봄으로써 이 해결 방법을 살펴보도록 하겠다. 표본분포란 가능한 모든 표본으로부터 나오는 표본 통계량의 확률분포를 말한다. 표본 통계량으로 평균, 총계, 비율 등이 있을 수 있는데 여기서는 평균의 추정에 대해서 알아보도록 한다.

추정방법은 크게 점추정(point estimation)과 구간추정(interval estimation)으로 나눌 수 있다. 점추정은 하나의 값을 이용하여 모수를 추정하는 방법이며, 신뢰구간(confidence interval)의 개념에 이용하여 우리는 구간추정을 할 수 있다. 구간추정은 말 그대로 구간의 개념을 사용하여 모수가 포함될 것으로 여겨지는 구간을 설정하는 방법이다. 일단 여기서는 점추정을 먼저 언급하기로 한다.

앞서 언급했듯이 모집단의 모수 중 평균, 즉 모집단의 중심을 나타내는 척도로 모평균 μ를 추정하는 데는 표본 산술평균, 표본 중앙값, 표본 최빈값 등을 사용할 수 있다. 그러나 의심할 여지없이 가장 많이 사용되는 것은 표본 산술평균(줄여 표본평균)이다. 모집단이 정규분포를 하는 경우에는 표본평균이 더욱 그렇다. 정규분포에 대한 표본평균의 중요한 몇 가지 성질은 다음과 같다. 산술평균이 아닌 다른 추정량도 이 조건이 만족될 때 적합한 추정량이 될 수 있다. 적합한 추정량이란 측정하고자 하는 모수 근처에 집중되어 분포를 갖는 것을 의미한다. 적합한 추정량의 기준에는 불편성(unbiasedness), 일치성(consistency), 효율성(efficiency), 충분성(sufficiency) 등 네 가지가 있다. 구체적으로 적합한 추정량 기준 네 가지를 살펴보기로 한다.

2.1.1 불편성

첫 번째 성질인 불편성이라는 것은 모든 가능한 표본평균의 평균이(표본의 크기 n이 주어졌을 때) 모평균과 같다는 사실이다. 아래 예를 통하여 이 성질을 증명해 보자.

다음은 어느 한 그룹의 다섯 명의 몸무게 값이라 하자.

이름	성적
김민준	78
이서준	63
박예준	72
최도윤	73
정주원	69

이해를 돕기 위해 5명의 몸무게가 우리는 모집단이라 가정하자. 이에 대한 모평균과 모분산은 다음과 같다.

$$\mu_y = \frac{\sum_{i=1}^{5} y_i}{5} = \frac{(78+63+72+73+69)}{5} = \frac{355}{5} = 71$$

$$\sigma_y^2 = \frac{\sum_{i=1}^{5} (y_i - \mu)^2}{N} = \frac{(78-71)^2 + \ldots + (69-71)^2}{5} = 24.4$$

불편성의 성질을 알아보기 위해서 이 5명(모집단)에서 비복원으로 $n=2$명씩 가능한 모든 경우를 추출해 보기로 하자. 5명에서 2명씩 추출한다면 열 가지의 경우의 수가 나타난다. ($\frac{N!}{n!(N-n)!} = \frac{5!}{2!(5-2)!} = 10$). 이 열 가지의 모든 가능한 결과는 다음과 같다.

〈표 2.1〉 2개의 표본을 뽑을 경우의 분포

표본1	표본2	점수	평균
김민준	이서준	78 63	70.5
이서준	박예준	63 72	67.5
박예준	최도윤	72 73	72.5
최도윤	정주원	73 69	71
정주원	김민준	69 78	73.5
김민준	박예준	78 72	75
이서준	최도윤	63 73	68
박예준	정주원	72 69	70.5
최도윤	김민준	73 78	75.5
정주원	이서준	69 63	66
			$71 = \mu_y$

$$\mu_y = E(\overline{y}) = \frac{1}{10}(70.5 + 67.5 + \cdots + 66.0) = 71.0$$

이 모든 열 가지 경우의 표본평균의 평균이 71이고 이것은 모평균의 값과 같다. 이를 우리는 표본평균이 모평균에 대해 불편성을 갖고 있다고 한다. [그림 2.1]은 두 개의 표본을 뽑을 경우의 분포이다.

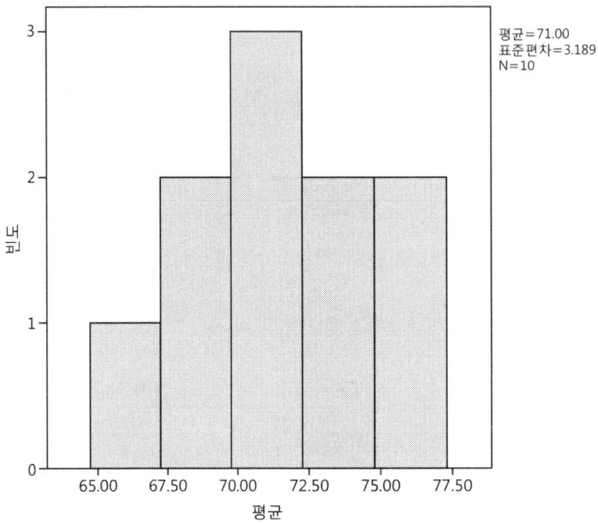

[그림 2.1] 2개의 표본을 뽑을 경우의 분포

다시 5명에서 비복원으로 이번에는 $n=3$명씩 가능한 모든 경우를 추출해 보도록 하자. 5명에서 3명씩을 추출한다면 이 역시 10개의 경우의 수가 나타난다.

〈표 2.2〉 3개의 표본을 뽑을 경우의 분포

표본1	표본2	표본3	점수	평균
김민준	이서준	박예준	78　63　72	71
김민준	이서준	최도윤	78　63　73	71.33
김민준	이서준	정주원	78　63　69	70
김민준	박예준	최도윤	78　72　73	74.33
김민준	박예준	정주원	78　72　69	73
김민준	최도윤	정주원	78　73　69	73.33
이서준	박예준	최도윤	63　72　73	69.33
이서준	박예준	정주원	63　72　69	68
이서준	최도윤	정주원	63　73　69	68.33
박예준	최도윤	정주원	72　73　69	71.33
				$71 = \mu_y$

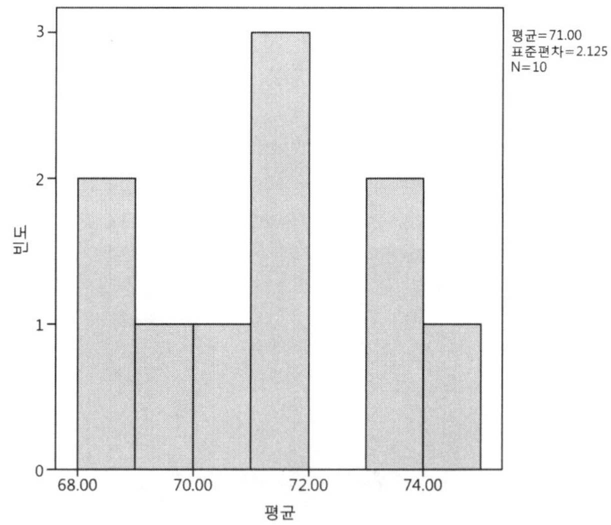

[그림 2.2] 3개의 표본을 뽑을 경우의 분포

3명씩 추출한 경우도 10개의 표본평균들의 평균은 71로서 모평균과 동일하였다. 따라서 표본 산술평균 역시 불편성을 갖고 있다. 이 경우 표본을 2개씩 뽑았을 경우와 비교해보면 2명씩 뽑았을 때보다 표본평균의 최소, 최대의 폭이 줄어들었다는 것이다. 이는 2명씩 표본을 뽑을 때보다 3명씩 표본을 뽑을 때가 표본들의 평균이 좀더 모평균에 가까워진다는 의미다.

마지막으로 이번에는 5명에서 4명씩 비복원으로 추출하도록 하자. 이는 다섯 가지 경우가 있다.

〈표 2.3〉 4개의 표본을 뽑을 경우의 분포

표본1	표본2	표본3	표본4	점수	평균
김민준	이서준	박예준	최도윤	78 63 72 73	71.5
김민준	이서준	박예준	정주원	78 63 72 69	71.33
김민준	이서준	최도윤	정주원	78 63 73 69	70.25
김민준	박예준	최도윤	정주원	78 72 73 69	73
이서준	박예준	최도윤	정주원	63 72 73 69	69.25
					$71 = \mu_y$

이 경우도 평균들의 평균은 모평균과 같으며 2명씩, 3명씩 뽑았을 경우보다도 더 표본들의 평균이 모평균에 더 가깝다는 것을 알 수 있다.

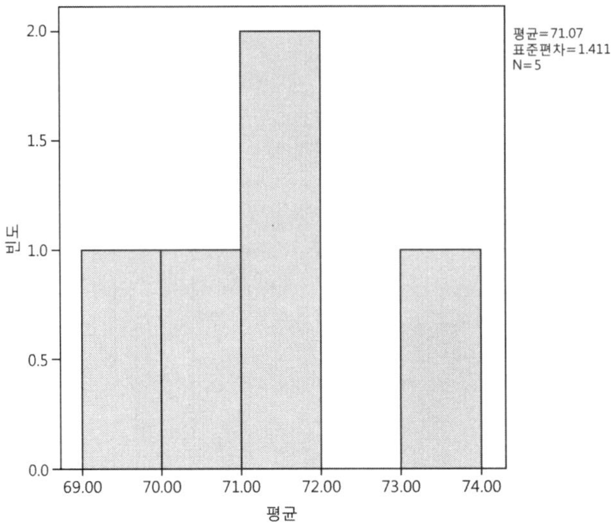

[그림 2.3] 4개의 표본을 뽑을 경우의 분포

위의 예를 통해 알 수 있는 것은 표본이 많이 뽑히면 뽑힐수록 표본평균이 모평균에 가까운 분포를 한다는 것을 알 수 있다. 그러나 대부분은 표본평균들의 모평균과 차이가 있다. 이 차이를 우리는 표본오차(sampling error)라 부른다.

정리하면 추정량이 추정하고자 하는 모수의 참값을 중심으로 분포하는 성질을 말하며 $\hat{\theta}$은 θ에 대한 불편추정량이면 다음과 같이 표현한다.

$$E(\hat{\theta}) = \theta$$

여기서 θ는 모집단의 특성을 나타내는 모수이며 $\hat{\theta}$은 표본으로부터 얻은 특성치, 즉 모집단의 추정량이다. 불편추정량이 아니면 편의(偏倚: biased) 추정량이라 한다.

2.1.2 일치성

두 번째 성질은 일치성으로 이는 표본의 크기가 클수록 모수와 추정량의 차이가 0에 가까운 경우를 말한다. 일반적인 확률기호를 사용하면 다음과 같다.

$$\lim_{n \to \infty} P(|\hat{\theta} - \theta| < \epsilon) = 1$$

여기서 θ는 모집단의 특성을 나타내는 모수이며 $\hat{\theta}$은 표본으로부터 얻은 특성치, 즉 모집단의 추정량이다. 또한 ϵ은 임의의 적은 값을 말한다. 좀더 구체적으로 모평균,

모총계, 모비율로 수식을 나타내면 다음과 같다.

모평균의 경우 ($\hat{\mu}$은 μ의 추정량: 일반적으로 $\overline{y}$)

$$\lim_{n\to\infty} P(|\hat{\mu}-\mu| < \epsilon) = 1$$

모총계의 경우 ($\hat{\tau}$은 τ의 추정량: 일반적으로 $N\overline{y}$)

$$\lim_{n\to\infty} P(|\hat{\tau}-\tau| < \epsilon) = 1$$

모비율의 경우 ($\hat{p}$은 p의 추정량: $\hat{p}$은 특성치의 표본 개수/표본의 크기)

$$\lim_{n\to\infty} P(|\hat{p}-p| < \epsilon) = 1$$

이를 체비셰프(Chebyshev) 부등식으로 증명할 수가 있다. 모평균이 μ이고 모표준편차가 σ인 임의의 모집단으로부터 추출한 크기 n인 확률표본 $y_1, y_2, \cdots, y_n$에 대하여 표본평균 $\overline{y}$에 대하여 $E(\overline{y}) = \mu, SE(\overline{y}) = \dfrac{\sigma}{\sqrt{n}}$이므로 체비셰프 부등식에 의해 다음식이 성립한다.

$$P(|\overline{y}-\mu| \geqq \epsilon) \leqq \frac{\mathrm{Var}(\overline{y})}{\epsilon^2} = \frac{\sigma^2}{n\epsilon^2}$$

또는

$$P(|\overline{y}-\mu| < \epsilon) \leqq 1 - \frac{\mathrm{Var}(\overline{y})}{\epsilon^2} = 1 - \frac{\sigma^2}{n\epsilon^2}$$

이다. 따라서 표본이 크면

$$\lim_{n\to\infty} (P|\overline{y}-\mu| \geqq \epsilon) \leqq \lim_{n\to\infty} \left\{ \frac{\sigma^2}{n\epsilon^2} \right\} = 0$$

또

$$\lim_{n\to\infty} P(|\overline{y}-\mu| < \epsilon) \leqq \lim_{n\to\infty} \left\{ 1 - \frac{\sigma^2}{n\epsilon^2} \right\} = 1$$

이다.

체비셰프 부등식

확률변수 y의 평균을 μ, 분산을 σ^2이라 하면, 임의의 양수 ϵ에 대하여 다음이 성립한다.

$$P(|y-\mu| \geq \epsilon) \leq \frac{\sigma^2}{\epsilon^2}$$

표본분산이나 표본표준편차의 공식에서 분모의 n 대신에 $n-1$을 사용한다. 이는 $n-1$을 분모로 하는 표본평균 s^2이 복원인 경우 모평균 σ^2에 대해 불편추정량 $(E(s^2)=\sigma^2)$이면서 일치성이 있다. 그러나 분모가 n인 경우에는 일치성은 있으나 불편추정량은 되지 못한다. 즉 n이든 $n-1$이든 표본이 큰 경우에는 같다고 보아 일치성은 가지나 불편성은 달라질 수 있다.

여기서 $n-1$을 자유도(degree of freedom)라 하는데 이는 다음과 같은 예에서 개념을 이해할 수 있다. 5개의 숫자를 더해서 10을 얻었다 하자. 또 이 경우에 5개의 숫자 중 4개의 숫자, 즉 2, 3, 1, 1을 알고 있다고 하면 당연히 나머지 한 숫자는 3이다. 이 말은 어떤 합계의 값을 알고 있을 경우 모든 숫자를 다 알지 못해도 나머지 하나는 자동적으로 결정이 된다. 따라서 이 경우는 마음대로 결정할 수 있는 값은 4개가 된다. 따라서 자유도는 4가 된다.

일반적으로 불편추정량은 일치성이 있다. 그러나 일치성이 있다고 반드시 불편성이 있는 것은 아니다. 간단히 정리하면 표본의 크기가 커지면 추정량이 추정하고자 하는 모수의 참값으로 수렴하는 성질을 일치성이라 한다.

2.1.3 효율성

평균이 가지고 있는 세 번째 성질인 효율성은 모집단 모수의 추정치로서 표본통계량의 정도(precision)를 나타내는 것이다. 정규분포의 경우의 산술평균은 중심을 나타내는 어떠한 척도보다 '더 효율적이다'라고 말할 수 있다. 즉 어떠한 크기의 표본을 갖든 간에 산술평균은 다른 중심을 나타내는 척도보다 더 모평균에 가깝다고 할 수 있다. 그러므로 다른 중심을 나타내는 척도보다 산술평균이 모평균을 나타내는데 더 '좋다'라고 할 수 있다. 그러면 여기서 더 '좋다'라는 의미는 무얼 갖고 판단하나? 앞에서 언급했듯이 효율성은 모집단 모수의 추정치로서 표본통계량의 정도를 나타내는 것이다. 이 정도를 나타내는 데는 분산 또는 표준오차가 필요하다. 즉 '적은 분산을 가질수록 정도가 높으므로 더 좋다'라고 이야기할 수 있다. 즉 다음과 같은 경우에 더 적은 분산을 가지는 $\hat{\theta}_1$을 더 효율적인 추정량이라 한다.

$$Var(\hat{\theta}_1) < Var(\hat{\theta}_2)$$

간단히 정리하면 불편추정량 중에서 분산이 더 작은 추정량이 효율적이라 한다.

2.1.4 충분성

마지막 네 번째 산술평균이 좋은 추정량이 되는 성질은 충분성이다. 이는 모수 θ에 대해 가장 많은 정보를 제공하는 추정량 $\hat{\theta}$를 충분추정량이라 한다. 동일한 표본으로부터 얻어지는 추정량에는 산술평균, 중앙값, 최빈값 등이 있지만 이중에 산술평균만이 모든 표본자료를 이용하여 구한 값이기 때문에 모평균 μ에 대해 충분한 정보를 제공하고 있다고 할 수 있다.

지금까지 추정의 네 가지 성질에 대하여 알아보았다. 모평균을 대표하는 여러 통계량 중에서 표본평균이 이 네 가지 성질을 모두 충족하므로 모평균의 추정치로 표본평균을 가장 많이 사용하게 된다. 또 표본평균은 표본의 고정된 크기에서 발생할 수 있는 모든 표본값들을 평균화한다. 극단적으로 한 표본값이 크거나 작으면 다른 표본값들과 섞여 평균을 이루게 된다. 이런 평균화되어 가는 과정은 어떠한 특별한 값의 영향을 줄이게 된다. 따라서 표본이 증가하면 할수록 단일표본의 값의 영향이 줄어들게 되고 관찰치의 다른 많은 것들에 의해 평균화되어간다.

2.2 | 표본의 분포

표본으로부터 통계량을 구했을 때 이 통계량은 하나의 확률변수로서 특정한 분포를 따르게 되며 이 분포를 표본분포라 한다. 일반적으로 다음과 같은 조건에 의해 표본이 추출되어야 하는데 첫째 각 표본은 독립적으로 추출되어야 하며 표본이 동일한 조건하에서 동일 모집단으로부터 추출되어야 한다. 마지막으로 표본이 추출되는 과정에서 모집단의 특성이 변하지 않아야 한다. 표본평균에 대해 표본분포를 이해하도록 해보자. 아래와 같은 예제를 이해함으로써 표본평균의 분포를 구체적으로 알아보기로 하자.

예제 2.1

어떤 음료수의 한 병 정량은 2.0리터라고 규정되어 있다. 따라서 음료수를 채우는 기계는 모평균이 2.0리터인 음료수를 병에 채우고 있으며 모표준편차는 0.05리터로 알려져 있다 하자. 과거의 경험으로 음료수의 양은 정규분포를 따른다고 하자. 우선 표본의 크기에 따른 표본평균 $\bar{y}$의 분포가 어떻게 변하는지 알아보자. 주어진 표본 크기에 다른 $\bar{y}$가 1.99리터에서 2.0리터 사이에 포함될 확률이 얼마인가를 확인하기 위해 표본의 크기가 5, 15, 30인 표본을 100번씩 추출했다고 하자. 이 자료는 [표 2.4]~[표 2.6]에 있다. [그림 2.4]는 이들 세 종류의 표본분포를 나타낸다. 표와 그림으로부터 표본에 크기에 따라 평균의 변동이 여러 형태로 달라질 수 있다는 것을 알 수 있다. 따라서 표본의 크기가 적은 것이 큰 것보다 평균의 변이가 심하다는 것을 알 수 있다.

〈표 2.4〉 정규분포($\mu_y = 2.0,\ \sigma_y = 0.05$)에서 5개씩 표본을 100번 시행한 평균의 표본분포

구간	빈도	백분위
1.945-1.955 이하	2	2.0
1.955-1.965 이하	3	3.0
1.965-1.975 이하	11	11.0
1.975-1.985 이하	8	8.0
1.985-1.995 이하	17	17.0
1.995-2.005 이하	17	17.0
2.005-2015 이하	18	18.0
2.015-2025 이하	9	9.0
2.025-2035 이하	5	5.0
2.035-2045 이하	5	5.0
2.045-2055 이하	3	3.0
2.055-2065 이하	2	2.0
	100	100

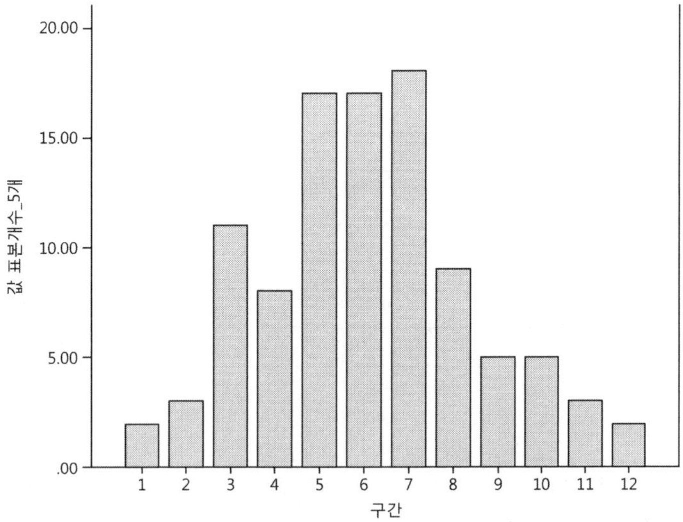

[그림 2.4] 정규분포에서 5개씩 표본을 100번 시행한 평균의 표본분포

〈표 2.5〉 정규분포($\mu_y = 2.0,\ \sigma_y = 0.05$)에서 15개씩 표본을 100번 시행한 평균의 표본분포

구간	빈도	백분위
1.965-1.975 이하	3	3.0
1.975-1.985 이하	13	13.0
1.985-1.995 이하	17	17.0
1.995-2.005 이하	31	31.0
2.005-2015 이하	25	25.0
2.015-2025 이하	10	10.0
2.025-2035 이하	1	1.0
	100	100

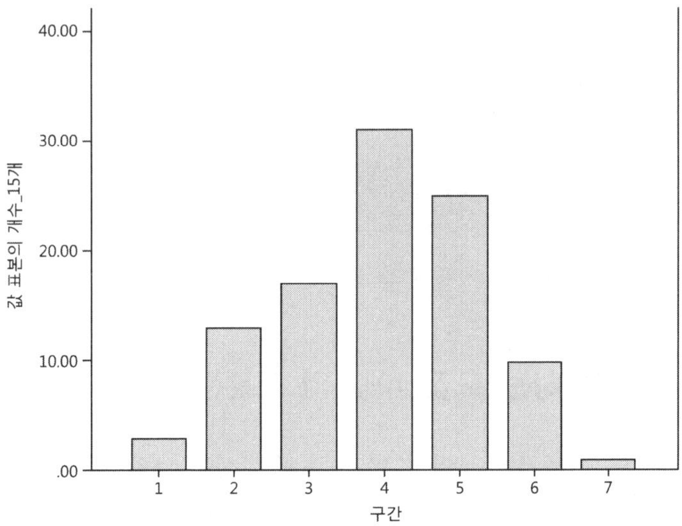

[그림 2.5] 정규분포에서 15개씩 표본을 100번 시행한 평균의 표본분포

〈표 2.6〉 정규분포($\mu_y = 2.0,\ \sigma_y = 0.05$)에서 30개씩 표본을 100번 시행한 평균의 표본분포

구간	빈도	백분위
1.965-1.975 이하	1	1.0
1.975-1.985 이하	3	3.0
1.985-1.995 이하	18	18.0
1.995-2.005 이하	47	47.0
2.005-2015 이하	23	23.0
2.015-2025 이하	8	8.0
	100	100

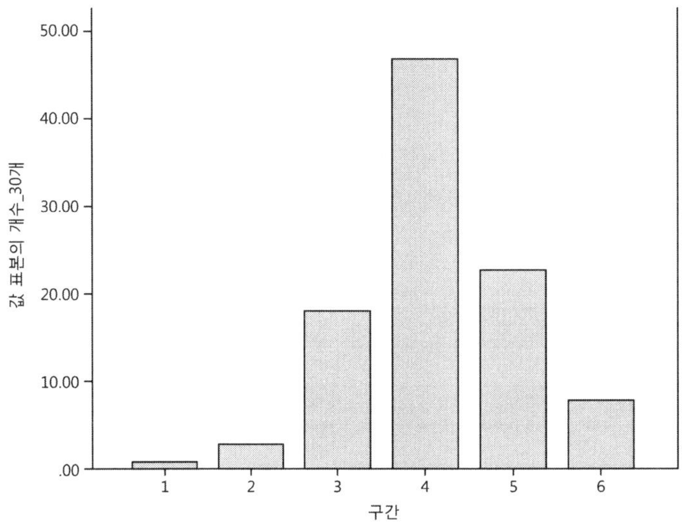

[그림 2.6] 정규분포에서 30개씩 표본을 100번 시행한 평균의 표본분포

뒤에 자세히 언급하겠지만 표본평균의 분산($\sigma_{\bar{y}}^2$)이 있다. 복원추출인 경우에 평균의 분산은 모분산에 표본크기를 나눈 것과 같다.

$$\sigma_{\bar{y}}^2 = \frac{\sigma_y^2}{n}$$

그러므로 표본이 클 경우에는 평균의 분산은 표본크기만큼 줄어든다.

2.2.1 정규분포를 하는 모집단에서의 표본분포

평균들의 평균, 즉 기대치를 보았고 또 평균의 분산에 대해 알아보았다. 이제는 모집단이 정규분포를 하는 경우에 표본의 평균, $\bar{y}$가 어떤 분포를 따르는지를 알아볼 필

요가 있다. y의 모평균이 μ_y이고 모표준편차가 σ_y인 경우 $\overline{y}$의 평균은 $\mu_{\overline{y}} = \mu_y$, 표준편차가 $\dfrac{\sigma}{\sqrt{n}}$인 정규분포를 한다. 그러나 평균의 표본오차는 표본이 클수록 감소한다. [그림 2.7]은 크기가 5, 15, 30개인 표본을 100번을 반복한 결과이다. [그림 2.7]을 통해 알 수 있듯이 평균의 표본분포가 정규근사를 한다고 볼 수 있으며 특히 표본의 크기가 클수록 표본평균의 값들이 모평균을 중심으로 모이는 것을 알 수 있다.

중앙값	숫자	
1.95	2	**
1.96	3	***
1.97	11	***********
1.98	8	********
1.99	17	*****************
2.00	17	*****************
2.01	18	******************
2.02	9	*********
2.03	5	*****
2.04	5	*****
2.05	3	***
2.06	2	**

중앙값	숫자	
1.97	3	***
1.98	13	*************
1.99	17	*****************
2.00	31	*******************************
2.01	25	*************************
2.02	9	*********
2.03	1	*

중앙값	숫자	
1.97	1	*
1.98	3	***
1.99	18	******************
2.00	47	***
2.01	23	***********************
2.02	8	*********

[그림 2.7] 크기가 5, 15, 30개인 표본을 100번 반복한 결과

[예제 2.1]을 통하여 평균의 표본분포의 개념을 더 자세히 알아보자.

[예제 2.1]에서 음료수 병 25개를 임의로 뽑았다고 가정하자($\mu_y = 2.0$, $\sigma_y = 0.05$). 이 음료수 병 25개의 표본평균이 1.99와 2.0 사이에 올 확률이 얼마인가를 구하여 보자.

[예제 2.1]에서 언급했듯이 모집단이 모평균과 모집단의 표준편차가 각각 $\mu_y = 2.0$, $\sigma_y = 0.05$임을 알고 있으므로 값 y가 있을 범위를 알기 위하여 일단 표준화하기로 한다.

$$z = \frac{X - \mu_y}{\sigma_y}$$

그다음 정규분포표를 이용, 적당한 값을 찾는다. 단일값 y에 대한 분포는 평균 $\overline{y}$의 분포와 다르기 때문에 위에서 언급한 $\overline{y}$의 평균과 표준오차에 대해 다음과 같이 표준화를 할 수 있다.

$$z = \frac{\overline{y} - \mu_y}{\sigma_{\overline{y}}} = \frac{\overline{y} - \mu_y}{\frac{\sigma_y}{\sqrt{n}}}$$

따라서 1.99와 2.0 사이에 확률을 계산하기 위해 다음과 같이 정규분포의 표준화된 값을 계산하여야 한다.

$$z = \frac{\overline{y} - \mu_{\overline{y}}}{\sigma_{\overline{y}}} = \frac{\overline{y} - \mu_{\overline{y}}}{\frac{\sigma_y}{\sqrt{n}}} = \frac{1.99 - 2.0}{\frac{0.05}{\sqrt{25}}} = \frac{-0.01}{0.01} = -1.0$$

즉, 평균이 $\mu_y = 2.0$이고 표준편차가 $\sigma_y = 0.05$인 경우 1.99는 표준화를 하였을 경우 -1과 동일한 값을 갖는다. 따라서 1.99와 2.0 사이의 값은 표준화된 -1과 0 사이의 값과 동일한 확률을 갖는다. [부록 2]를 통하여 0.3413을 얻을 수 있다. 이는 25개의 모든 가능한 표본의 평균 중 34.13%가 1.99와 2.0 사이에 값을 갖는다.

그러면 표본을 하나 추출했을 경우에 그 확률이 얼마인지를 알고 싶을 때가 있다. 즉 단일표본을 추출했을 때 1.99에서 2.00 사이의 확률은 얼마인가? 물론 단일표본을 추출했을 경우의 1.99와 2.0 사이에 있다는 의미는 앞선 평균의 의미와 다르다는 것을 알아야 한다. 단일 추출을 했을 때의 확률을 계산하기 위해 정규분포의 표준화된 값은 다음과 같이 계산할 수 있다.

$$z=\frac{y-\mu_y}{\sigma_y}=\frac{1.99-2.0}{0.05}=\frac{-0.1}{0.05}=-0.2$$

이다.

[부록 2]에서 표준정규분포의 평균에서 $z=-0.2$ 사이의 확률은 0.0793이다. 그러므로 단일표본이 1.99와 2.0 사이에 있게 될 확률은 7.93%가 된다.

이 결과를 비교해보면 단일의 표본값보다 표본의 크기가 큰 경우의 표본평균이 1.99와 2.0 사이에 있게 될 확률이 높은 것을 알 수 있다. 이 이유는 표본 개개의 값들이 작든 크든 간에 서로 다른 값의 25개로 구성되었기 때문이다. 이는 평균화되는 과정에서 어떤 극단적인 값이 다른 값에 의해 희석된다는 의미를 말한다. 특히 표본이 크면 클수록 더 극단값을 희석시킨다. 그러므로 25개의 표본의 평균이 모집단의 평균과 가까울 가능성이 단일표본을 뽑는 것보다 높다는 것을 알 수 있다.

표본의 크기가 다를 경우의 결과는 또 어떻게 달라질 수 있을까? 표본의 크기가 25 대신 100을 뽑아보자. 다음과 같은 표준화 계산이 가능하다.

$$z=\frac{\bar{y}-\mu_{\bar{y}}}{\sigma_{\bar{y}}}=\frac{\bar{y}-\mu_{\bar{y}}}{\frac{\sigma_y}{\sqrt{n}}}=\frac{1.99-2.0}{\frac{0.05}{\sqrt{100}}}=-\frac{0.1}{0.005}=-2.0$$

[부록 2]에서부터 표준정규분포의 경우 평균에서 -2.0까지의 정규곡선 사이의 영역은 0.4772이다. 그러므로 표본의 크기가 100인 경우의 표본평균이 1.99에서 2.0 사이에 포함될 확률은 47.72%이다. 이는 단일표본을 뽑는 경우의 확률 7.93%와 25개의 표본을 뽑았을 경우의 확률 34.22%와 비교가 된다.

2.2.2 모집단이 정규분포를 하지 않는 경우의 평균의 표본분포

앞에서 모집단이 정규분포를 한다는 가정하에 평균의 표본분포를 알아보았다. 그러나 대부분의 경우는 모집단의 분포가 모르는 경우이다. 또 어떤 분포는 누가 보더라도 정규분포가 아닌 모집단이 있을 수 있다. 따라서 모집단이 정규분포를 하지 않는 경우의 평균의 표본분포를 알아보자. 이 문제를 해결하기 위해서 다음에 언급한 중요한 정리를 알아야 한다.

중심극한정리(central limit theorem)

평균이 μ, 표준편차가 σ인 임의모집단으로부터 추출된 n개의 표본들의 평균을 $\overline{y}$라 할 때 표본이 충분히 큰 경우에는 표본평균 $\overline{y}$분포는 평균 μ, 표준편차가 $\frac{\sigma}{\sqrt{n}}$인 정규분포에 접근한다. 즉, $\overline{y} \sim N\left(\mu,\ \frac{\sigma}{\sqrt{n}}\right)$. 이를 표준화하면 $z = \frac{\overline{y} - \mu}{\sigma / \sqrt{n}}$은 평균이 0이고 분산이 1인 정규분포를 한다.

이러한 정리가 가능한 이유는 표본의 특성으로부터 표본의 크기가 점점 커지면서 표본평균들은 점차 표본분포의 평균값($E(\overline{y})$) 근처에 밀집된다는 것을 알 수 있다. 물론 때에 따라 표본분포의 평균값으로부터 멀어질 수도 있다. 그러나 대부분은 표본분포의 평균값에 위치하게 되므로 막대그림을 그리면 종모양을 하게 된다.

그러면 여기서 표본이 충분히 크다는 것은 표본의 크기가 얼마란 말인가? 많은 통계학자들이 이 문제를 들고 나온다. 일반적으로 대부분의 통계학자들은 최소한 표본의 크기가 30이면 평균의 표본분포가 정규근사를 한다고 말한다. 그러나 만일 모집단의 특성을 조금이라도 알고 있다면(예를 들어 대칭분포를 하는 경우와 같은) 비록 적은 크기의 표본이라도 중심극한정리를 적용할 수 있다.

2.3 | 구간추정

2.3.1 모집단의 분산이 알려져 있는 경우

평균이 μ이고 분산이 σ^2인 모집단으로부터 크기가 n인 임의 표본을 뽑아서 모평균 μ를 구간추정 해보자. 중심극한정리에 의해 $\overline{y}$는 다음과 같은 분포를 따른다.

$$z = \frac{\overline{y} - \mu}{\sigma / \sqrt{n}} \sim N(0,\ 1)$$

따라서 정규분포표로부터 95%의 확률은

$$P\left(-1.96 < \frac{\overline{y} - \mu}{\sigma / \sqrt{n}} < 1.96\right) = 0.95$$

이다. 다시 쓰면

$$P\left(\bar{y}-1.96\frac{\sigma}{\sqrt{n}}<\mu<\bar{y}+1.96\frac{\sigma}{\sqrt{n}}\right)=0.95$$

이다. 이는 표본을 추출하는 여러 개의 $\bar{y}$가 존재한다고 할 때 100개 중 95개가 μ를 포함한다는 이야기이다. 위 식에서 $\bar{y}\pm 1.96\frac{\sigma}{\sqrt{n}}$을 신뢰구간(confidence interval)이라 하고 0.95×100%를 신뢰수준(confidence level)이라 한다. 일반적으로 신뢰구간을 다음과 같이 표현한다.

$$P\left(\bar{y}-z_{\alpha/2}\frac{\sigma}{\sqrt{n}}<\mu<\bar{y}-z_{\alpha/2}\frac{\sigma}{\sqrt{n}}\right)=1-\alpha$$

여기서 $\bar{y}$는 표본평균, $(1-\alpha)\times 100\%$는 신뢰수준, $z_{\alpha/2}$는 정규분포표에서 얻는 $1-\alpha$에 대응되는 신뢰계수, $\frac{\sigma}{\sqrt{n}}$은 $\bar{y}$의 표준오차이다.

예제 2.2

어느 소지역에 가구의 수가 $N=8$인 모집단을 생각해보자. 이 지역에 각 가구별 세대수는 다음과 같다고 하자.

$$y_1=8,\ y_2=5,\ y_3=6,\ y_4=7,\ y_5=3,\ y_6=4,\ y_7=2,\ y_8=1$$

(1) 이 모집단에서 μ, σ^2, $\sigma^2_{\bar{y}}$를 구하여라.

(2) 이 모집단으로부터 크기가 $n=2$인 임의표본을 뽑아서 표본평균 $\bar{y}$를 구하고 $z=1.64$(신뢰수준이 90%일 때) 각 표본마다 신뢰구간을 구하여라(비복원인 경우).

풀이 $$\mu=\frac{(8+5+6+7+3+4+2+1)}{8}=4.5$$

$$\sigma^2=\frac{(8-4.5)^2+(5-4.5)^2+\cdots+(2-4.5)^2+(1-4.5)^2}{8}=5.25$$

$$\sigma=\sqrt{5.25}=2.29$$

복원인 경우

$$\sigma_{\bar{y}}^2 = \frac{\sigma^2}{n} = \frac{5.25}{2} = 2.625$$

$$\sigma_{\bar{y}} = \sqrt{2.625} = 1.62$$

비복원의 경우

〈표 2.6〉 추출 가능한 모든 신뢰구간(비복원의 경우)

번호	표본	평균	$\bar{y} - 1.64\sigma_{\bar{y}} < \mu < \bar{y} + 1.64\sigma_{\bar{y}}$
1	8,7	7.5	5.04 < μ < 9.96 *
2	8,5	6.5	4.04 < μ < 8.96
3	8,6	7.0	4.54 < μ < 9.46 *
4	8,4	6.0	3.54 < μ < 8.46
5	8,3	5.5	3.04 < μ < 7.96
6	8,2	5.0	2.54 < μ < 7.46
7	8,1	4.5	2.04 < μ < 6.96
8	7,6	6.5	4.04 < μ < 8.96
9	7,5	6.0	3.54 < μ < 8.56
10	7,4	5.5	3.04 < μ < 7.96
11	7,3	5.0	2.54 < μ < 7.46
12	7,2	4.5	2.04 < μ < 6.96
13	7,1	4.0	1.54 < μ < 6.46
14	6,5	5.5	3.04 < μ < 7.96
15	6,4	5.0	2.54 < μ < 7.46
16	6,3	4.5	2.04 < μ < 6.96
17	6,2	4.0	1.54 < μ < 6.56
18	6,1	3.5	1.04 < μ < 5.96
19	5,4	4.5	2.04 < μ < 6.96
20	5,3	4.0	1.54 < μ < 6.46
21	5,2	3.5	1.04 < μ < 5.96
22	5,1	3.0	0.54 < μ < 5.46
23	4,3	3.5	1.04 < μ < 5.96
24	4,2	3.0	0.54 < μ < 5.46
25	4,1	2.5	0.04 < μ < 4.96
26	3,2	2.5	0.04 < μ < 4.96
27	3,1	2.0	-0.46 < μ < 4.46 *
28	2,1	1.5	-0.96 < μ < 3.96 *

$$\sigma^2_{\bar{y}} = \frac{N-n}{N-1}\frac{\sigma^2}{n} = \frac{8-2}{8-1}\frac{5.25}{2} = \frac{31.5}{14} = 2.25$$

$$\sigma_{\bar{y}} = \sqrt{2.25} = 1.5$$

$$z\sigma_{\bar{y}} = 1.64 \times 1.5 = 2.46$$

위의 표에서 계산한 신뢰구간 중 모평균 4.5를 걸치지 않는 경우가 모두 4개(*표시한 것)로 전체의 $\frac{4}{28} = 0.143$로 약 14%이다.

연습예제 2.2

다음과 같은 모집단이 있다고 가정하자.

$$y_1 = 1, y_2 = 2, y_3 = 3, y_4 = 4, y_5 = 5, y_6 = 6, y_7 = 7$$

여기에 표본을 비복원으로 2개씩 추출하였을 경우 몇 가지의 경우에 수가 있으며 각 표본별 90% 신뢰구간을 구해 총 신뢰구간 중 몇 개가 모평균을 걸치지 않는지를 조사하여라.

2.3.2 모집단의 표준편차가 알려져 있지 않은 경우

모집단의 모분산과 모표준편차가 알려져 있지 않다면 표본을 통해 추정값을 이용해야 하는데 이 과정에서 다수의 오류를 범할 가능성이 있으므로 이를 이용해 설정한 신뢰구간의 오차한계는 모집단의 표준편차가 알려져 있는 경우보다 넓어야 한다. 신뢰구간의 오차한계는 추정과정에서 정규분포가 아닌 t-분포를 사용하므로 증가가 된다. 같은 신뢰수준에서는 t-값은 z-값보다 커지게 되는 데 t분포곡선은 z분포곡선보다 끝부분이 통통하게 된다.

평균이 μ이고 정규분포인 모집단에서 추출한 크기가 n인 표본의 평균을 $\bar{y}$라 하고 표본표준편차를 s라 하면

$$t = \frac{\bar{y} - \mu}{\frac{s}{\sqrt{n}}}$$

은 자유도 $(n-1)$인 t분포를 따른다.

2.4 | 변이계수

변이계수(Coefficient of Variation)는 표본편차(σ)에 평균(μ)을 나눈 값이다. 즉

$$C = \frac{\sigma}{\mu}$$

변이계수는 일반적으로 백분율로 나타낸다. 또 변이계수의 제곱인 $C^2 = \frac{\sigma^2}{\mu^2}$를 상대분산(Relative Variance)이라 부른다. 또 위의 변이계수를 모집단의 변이계수라 한다면 통계량의 변이계수도 있다. 변이계수의 값이 작을 때 추정량의 정도가 높다고 하며 그러한 값들은 믿을 만한 값으로 받아들여진다.

$$y\text{에 대한 표본의 변이계수} = C_y = \frac{s}{\bar{y}}$$

이는 주로 측정단위가 다르거나, 두 집단 간에 평균의 차이가 큰 경우 두 집단 간의 평균을 중심으로 퍼짐 정도를 비교할 때 사용된다.

예제 2.3

소와 돼지의 두 집단이 있다 하자. 소의 평균은 230kg이고 표준편차가 78kg이다. 또 돼지의 평균은 147kg이고 표준편차가 34kg이라 하자. 두 집단 중 무엇이 더 평균을 중심으로 흩어져 있나?

풀이 소 무게의 변이계수: $C_{(\text{소})} = \frac{s}{\bar{y}} = \frac{78}{230} = 0.34$

돼지 무게의 변이계수: $C_{(\text{돼지})} = \frac{s}{\bar{y}} = \frac{34}{147} = 0.23$

따라서 소집단보다 돼지집단이 더 평균에 가까이 몰려 있음을 알 수 있다.

연습예제 2.3

초등학생과 대학생 각각 100명씩 용돈을 조사한 결과 초등학교 학생 용돈의 평균은 70,000원 표준편차는 45,000원 대학생의 용돈의 평균은 320,000원, 표준편차는

210,000원이라 할 때 두 집단 중 누가 더 평균을 중심으로 흩어져 있나?

○ 연습예제 2.3-1

5명의 학생이 있다. 5명의 학생들이 가지고 있는 돈이 각각 4, 3, 2, 2, 4만원이라 하자. μ, σ, C, C^2를 구하여라.

변이계수의 일반적인 정의를 해보자. $\hat{\theta}$를 통계량이라 하면 다음과 같이 변이 계수를 정의할 수 있을 것이다.

$$C_{\theta} = \frac{\sqrt{V(\hat{\theta})}}{E(\hat{\theta})} = \frac{\sigma_{\hat{\theta}}}{\mu_{\hat{\theta}}}$$

평균의 경우($\hat{\theta} = \overline{y}$)

$$C_{\overline{X}} = \frac{\sqrt{V(\overline{y})}}{E(\overline{y})} = \frac{\sigma_{\overline{y}}}{\mu_{\overline{y}}} = \frac{\frac{\sigma}{\sqrt{n}}}{\mu} = \frac{\sigma}{\mu}\frac{1}{\sqrt{n}} = \frac{C}{\sqrt{n}}$$

총합의 경우($\hat{\theta} = \hat{\tau} = N\overline{y}$)

$$C_{\hat{\tau}} = \frac{\sigma_{\hat{\tau}}}{\hat{\tau}}$$

여기서

$$\sigma_{\hat{\tau}} = \sqrt{V(\hat{\tau})} = \sqrt{V(N\overline{y})} = \sqrt{N^2 V(\overline{y})} = N\sigma_{\overline{y}} \ , \ \tau = N\mu$$

$$C_{\hat{\tau}} = \frac{N\sigma_{\overline{y}}}{N\mu} = \frac{\sigma_{\overline{y}}}{\mu} = \frac{\sigma}{\mu}\frac{1}{\sqrt{n}} = \frac{C}{\sqrt{n}}$$

따라서

$$C_{\overline{y}} = C_{\hat{\tau}} = \frac{C}{\sqrt{n}}$$

이다. 위의 식을 n에 관하여 정리하면

$$n = \left(\frac{C}{C_{\bar{y}}}\right)^2 = \left(\frac{C}{C_{\hat{\tau}}}\right)^2$$

이다.

예제 2.3

y의 표준편차(s)가 $\bar{y}$의 44.5%와 같다. 또 $\bar{y}$의 표준편차가 $\bar{y}$의 5%와 같게 하려면 필요한 표본의 크기는 얼마인가?

풀이 $C = 0.445$이고 $C_{\bar{y}} = 0.05$이므로

$$0.05 = \frac{0.445}{\sqrt{n}}, \quad n = \left(\frac{0.445}{0.05}\right)^2 \fallingdotseq 79$$

이다.

연습예제 2.5

표본의 크기가 64이고 y의 표준편차(s)가 $\bar{y}$의 32%와 같다 하자. $\hat{\tau}$의 표준편차가 5.6인 경우 $\hat{\tau}$는 얼마인가?

2.5 | 표본오차와 정도

표본오차(sampling error)는 표본에서 얻은 결과, 즉 통계량($\hat{\theta}$)과 모수(θ)의 차이를 말한다. 표본조사는 모집단의 일부분에 대한 조사이므로 표본추출에서 발생하는 우연적 오차이다. 즉, 표본오차 = 모집단의 참값(모수) − 모수에 대한 추정치(통계량)이다.

$$\text{표본오차} = \hat{\theta} - \theta$$

그러나 여기서 모집단의 참값을 알 수 없다. 그렇다면 모수의 값을 알 수 없다면 표본조사의 결과에 대한 신뢰성(정도)은 어떻게 평가할까? 평가방법으로는 통계량의 표본오차이다. 뒤에 자세히 언급할 것이다.

또 정도(precision)는 표본의 크기와 신뢰도가 주어졌을 때 반복 측정하는 경우 추정량과 모수 사이의 최대변동이다. 즉 $|\hat{\theta}-\theta|$의 변동량이 최대일 경우 추정량의 정도(또는 추정오차의 한계)라 한다. 앞의 95% 신뢰구간을 다음과 같이 정의하였다.

$$P\left(-1.96 < \frac{\bar{y}-\mu}{\sigma/\sqrt{n}} < 1.96\right) = 0.95$$

이를 다시 쓰면

$$P\left(\bar{y}-1.96\frac{\sigma}{\sqrt{n}} < \mu < \bar{y}+1.96\frac{\sigma}{\sqrt{n}}\right) = 0.95$$

이를 다시 쓰면

$$P\left(|\bar{y}-\mu| < 1.96\frac{\sigma}{\sqrt{n}}\right) = 0.95$$

이다.

따라서 $|\bar{y}-\mu|$가 취할 수 있는 최댓값은 $|\bar{y}-\mu| = 1.96\frac{\sigma}{\sqrt{n}}$이 된다. 다시 정의하자면 $\bar{y}-\mu$는 주어진 표본에 대한 표본오차가 되고 $|\bar{y}-\mu|$는 표본의 크기 n과 신뢰도가 주어졌을 때 반복 추출할 경우의 추정량과 모수 사이의 최대변동이다. 이 최대변이를 추정량의 정도, 또는 최대허용오차라 한다. 정도보다는 최대허용오차가 더 많이 쓰인다.

따라서 주의해야 할 것은 표본오차의 개념은 주어진 표본에 대한 것이고 정도의 개념은 신뢰구간에 관계되고 반복 추출에 의해 수행될 때 정의되는 것이다. 따라서 추정량의 정도를 결정하기 위해서는 모수는 알 필요가 없으나 분산은 알아야 한다. 이 분산은 표본으로부터 추정되는 것이다. 따라서 다음과 같은 식에서

$$|\bar{y}-\mu| = 1.96\frac{\sigma}{\sqrt{n}}$$

$|\bar{y}-\mu|$를 d로 표시하면 다음과 같은 관계식를 얻는다.

$$d = 1.96\frac{\sigma}{\sqrt{n}}$$

즉 정도 = 신뢰계수 × 표준오차이다. 이 식은 앞으로 자주 쓰인다. 일반적으로 표본조사에서는 표본크기를 크게 하면 얼마든지 표본오차를 줄이는 것이 가능하다. 극단적

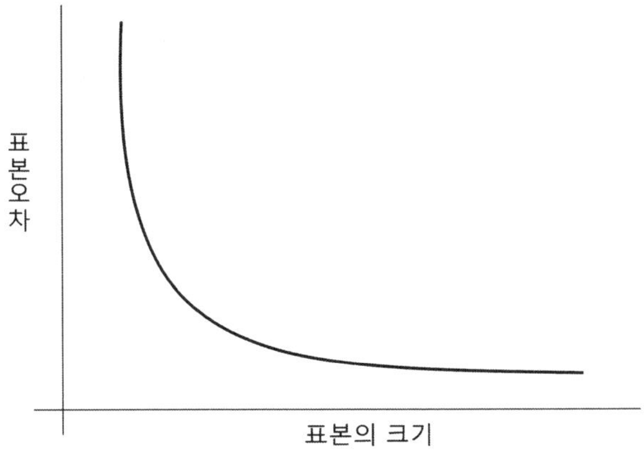

[그림 2.8] 표본오차와 표본의 크기와의 관계

인 예로 모집단 전체를 표본으로 추출한다면 표본오차는 0이 된다. 그러나 주어진 예산과 비용 때문에 표본조사 전에 미리 주어진 예산의 범위 내에서 조사의 정도를 얼마로 할 것인가를 결정하게 된다.

2.6 | 표본의 크기

앞 절에서 정도와 신뢰계수 그리고 표준오차와의 관계는 다음과 같다고 하였다. 물론 이 경우는 표본을 복원으로 추출하였을 경우가 된다.

$$d = z\frac{\sigma}{\sqrt{n}}$$

여기서 $d = |\bar{y} - \mu|$이므로 n이 클수록 d가 적게, 즉 모수와 통계량 간에 차이가 적어짐을 알 수 있다. 따라서 d와 z 그리고 σ가 주어졌을 경우 n을 구하므로 표본의 크기를 구할 수 있다. 따라서 n에 관하여 전개하면 다음과 같다.

$$n = \left(\frac{z\sigma}{d}\right)^2$$

● 예제 2.6

5,000명의 대학생이 있다. 표본을 뽑아서 평균 체중을 조사하려고 한다. 정도를 5kg 이내로 하고 신뢰도를 95% 되게 하려면 얼마나 큰 표본이 필요한가? 지난번 조사에 의하면 대학생의 몸무게의 표준편차는 $\sigma = 21$kg이었다.

$d = 5,\ z = 1.96,\ \sigma = 21$이므로

$$n = \left(\frac{1.96 \times 21}{5}\right)^2 = 67.8 \fallingdotseq 68$$

따라서 68명 이상을 뽑아야 한다.

○ 연습예제 2.6

어느 도시에 1,000명의 가구가 있다. 이 중에 100가구를 추출하여 평균 가구당 수입을 조사하려고 한다. 정도를 10,000원 이내로 하고 신뢰도를 90% 되게 하려면 얼마나 더 표본을 뽑아야 되나? 과거의 경험으로 수입의 표준편차는 $\sigma = 140,000$이라 하자.

제3장

단순임의추출

3.1 | 단순임의추출

크기가 N인 모집단에서 표본 n을 뽑을 경우 뽑힐 확률이 표본 모두 동일하게 추출될 경우 이를 단순임의추출(Simple Random Sampling)이라 한다. 모집단에서 표본을 임의로 뽑는 경우 앞에 뽑힌 표본이 모집단에 다시 포함되는 경우를 복원추출(with replacement)이라 하고, 일단 뽑힌 표본이 다시 모집단에 포함되지 않는 경우를 비복원추출(without replacement)이라고 한다. 복원추출의 경우 표본을 뽑을 때 처음 뽑은 표본과 두 번째 뽑은 표본과는 서로 독립이 된다. 즉, 첫 번째 뽑힐 확률과 두 번째 뽑힐 확률은 같게 된다. 이 경우에 모든 가능한 표본의 개수는 N^n이다. 그러나 비복원일 경우에는 처음 뽑힌 표본을 다시 포함시키지 않으므로 두 번째 뽑힐 확률은 첫 번째 뽑힐 확률과 다르다. 이 경우의 표본으로 추출될 모든 가능한 표본의 개수는 ${}_N C_n$이다.

예제 3.1

5가구가 있다 하자. 다음은 5가구의 자녀의 수를 표시한 것이다. 5가구로부터 2가구씩 비복원추출법과 복원추출법에 의해 추출했을 때 가구당 자녀들의 평균에 대한 표본분포를 구하여라.

가구	A	B	C	D	E
자녀수	2	5	1	2	0

풀이 이 경우 모집단의 개수는 $N=5$, 표본의 개수는 $n=2$, 모평균은 $\mu=\frac{10}{5}=2$이다. 또, 모분산은 $\sigma^2=\frac{1}{5}\sum(y_i-\mu)^2=2.8$이다.

비복원추출의 경우

5가구 중 2가구를 비복원추출할 경우 방법의 수는 열 가지$\left({}_5C_2=\frac{5!}{3!2!}=10\right)$다. 각각의 경우는 다음과 같다.

추출된 가구수	자녀수	평균
A, B	2, 5	3.5
A, C	2, 1	1.5
A, D	2, 2	2
A, E	2, 0	1
B, C	5, 1	3
B, D	5, 2	3.5
B, E	5, 0	2.5
C, D	1, 2	1.5
C, E	1, 0	0.5
D, E	2, 0	1

$$\mu_{\bar{y}} = (3.5 + \cdots + 1)/10 = 2.0\ ,$$

$$\sigma_{\bar{y}}^2 = [(3.5-2.0)^2 + \cdots + (1.0-2.0)^2]/10 = 1.05$$

위의 표에서 표본평균들의 평균($\mu_{\bar{y}}$)은 2.0이다. 표본평균들의 분산($\sigma_{\bar{y}}^2$)은 1.05이다. 또 표본의 크기가 2인 표본평균들의 표본분포는 다음과 같다.

평균	0.5	1	1.5	2	2.5	3	3.5
빈도수	1	2	2	1	1	1	2
상대도수	$\frac{1}{10}$	$\frac{2}{10}$	$\frac{2}{10}$	$\frac{1}{10}$	$\frac{1}{10}$	$\frac{1}{10}$	$\frac{2}{10}$

복원추출인 경우

5가구 중 2가구를 복원추출하는 경우의 수는 $5^2 = 25$이다. 따라서 각각의 경우는 다음과 같다.

추출된 가구수	자녀수	평균
A, A	2, 2	2
A, B	2, 5	3.5
A, C	2, 1	1.5
A, D	2, 2	2
A, E	2, 0	1
B, A	5, 2	3.5
B, B	5, 5	5
B, C	5, 1	3
B, D	5, 2	3.5
B, E	5, 0	2.5

C, A	1, 2	1.5
C, B	1, 5	3
C, C	1, 1	2
C, D	1, 2	1.5
C, E	1, 0	0.5
D, A	2, 2	2
D, B	2, 5	3.5
D, C	2, 1	1.5
D, D	2, 2	2
D, E	2, 0	1
E, A	0, 2	1
E, B	0, 5	2.5
E, C	0, 1	0.5
E, D	0, 2	1
E, E	0, 0	0

$$\mu_{\bar{y}} = (2.0 + \cdots + 0)/25 = 2.0$$

$$\sigma^2_{\bar{y}} = [(2.0-2.0)^2 + \cdots + (0.0-2.0)^2]/25 = 1.4$$

위의 표에서 표본평균들의 평균($\mu_{\bar{y}}$)은 2.0이다. 표본평균들의 분산($\sigma^2_{\bar{y}}$)은 1.4이다. 또 표본의 크기가 2인 표본평균들의 표본분포는 다음과 같다.

평균	0	0.5	1	1.5	2	2.5	3	3.5	5
빈도수	1	2	5	4	4	2	2	4	1
상대도수	$\frac{1}{25}$	$\frac{2}{25}$	$\frac{5}{25}$	$\frac{4}{25}$	$\frac{4}{25}$	$\frac{2}{25}$	$\frac{2}{25}$	$\frac{4}{25}$	$\frac{1}{25}$

3.2 | 표본추출방법

3.2.1 표에 의한 난수표

'난수표'란 0, 1, 2, ⋯ , 9의 수를 무작위로 나열하여 어떤 숫자가 선정되든 간에 확률이 같도록 만든 표를 말한다. Kendall과 Smith(1938)는 정수가 1/10로 동일하게 뽑힐 ‘난수표’를 만들었다. [표 3.1]은 난수표의 예로 모집단의 수가 300이라고 하자. 따라서 1번부터 300번까지 모집단에 대해 일련번호가 주어졌다고 하고 표본을 10개를 뽑는다고 하자. 이 경우 임의로 한 칸을 골라야 하는데 임의로 네 번째 칸을 선택했다 하고, 600번은 3자리 수이므로 위에서부터 끝자리부터 3자리씩 읽어 간다. 23, 22, 87, 245, 170, 214, 92, 63, 254 다섯 번째 칸에 298, 이렇게 뽑은 표본 10이 단순임의추출을 통한 표본들이다.

또, 표본이 많은 경우에는 일일이 300 이하의 번호를 찾기도 힘들 때가 있다. 이럴 경우 300 이하가 넘는 수에서는 300을 빼주므로 생기는 값을 표본번호로 생각할 수 있다. 똑같은 4에서 표본 10을 뽑을 경우 23, 22, (442 − 300) = 142, 87, 245, 170, 214, (465 − 300) = 165, (663 − 600) = 63, 92와 같이 뽑을 수 있다. 여기서 900단위가 넘는 것은 1-99이 4번 추출되기 때문에(1-99, 401-499, 601-699, 901-999) 제외시킨다.

〈표 3.1〉 난수표의 예

1	2	3	4	5	6	7
79108	54328	77741	16023	53298	07470	81514
09566	70440	05514	45022	21696	59468	79445
03362	28915	69270	09442	63784	71128	59694
76497	40197	88565	04087	08012	56405	55653
97475	49766	61394	04245	36476	60058	65694
77167	78494	09909	99170	28439	87992	22938
30362	80031	96453	47214	46327	07775	57557
44645	17686	72580	92465	04724	78153	30870
00194	93274	54132	05663	08636	33848	56187
85830	96547	04405	22092	31893	96565	91173
21226	40666	51111	81322	56947	00566	93859
13687	81991	93511	88936	83566	78632	38487
75897	56801	85027	82538	81851	09037	53431
95637	59531	47148	56430	40551	31868	36172
80965	13403	85245	18387	94039	56303	33926
32722	74657	54506	97652	84744	40240	04180
59300	67404	83177	70786	46797	61137	61797
43003	96002	87544	30063	56290	40227	78654
60997	30127	71548	20444	39632	10635	71909
49200	19683	88018	87402	68199	09042	31535
15283	71333	08772	14254	66181	83827	91664
63674	71942	64753	37703	29078	70986	75706
40141	47568	52537	37869	51060	01258	82801
76997	99456	10403	11403	69822	06324	87834
14949	58736	34857	12759	28028	32783	87878

3.2.2 SAS에 의한 난수표

다음으로 SAS 함수 ROUND를 이용하여 0과 1 사이의 균일분포를 따르는 난수를 정수로 만들어 반복시켜 표본수만큼 난수를 생성할 수 있다.

• SAS 예제

$N=1000$개의 모집단에서, $n=20$개의 표본을 SAS 프로그램을 통해 무작위로 추출하고자 한다면 다음과 같은 프로그램을 이용하면 된다.

```
data random;
      do I=1 to 20;
      X=ranuni(0);
      id=round(1000*x+0.5);
      output;
end;
run;
      proc print data=random;
run;
```

OBS	I	X	ID	OBS	I	X	ID
1	1	0.30658	307	11	11	0.74549	746
2	2	0.13271	133	12	12	0.84886	849
3	3	0.16045	161	13	13	0.58357	584
4	4	0.94003	941	14	14	0.14312	144
5	5	0.75927	760	15	15	0.12901	130
6	6	0.70697	707	16	16	0.00101	2
7	7	0.45103	452	17	17	0.85951	860
8	8	0.38332	384	18	18	0.97176	972
9	9	0.91085	911	19	19	0.42972	430
10	10	0.82293	823	20	20	0.38404	385

3.2.3 SPSS에 의한 난수표

메뉴 → 변환(T) → 변수계산에서 대상변수(T)에 새로 생성될 변수 이름을 입력하고 오른쪽 '함수집단(G)'에서 '난수'를 선택하면 아래 '함수 및 특수 변수(F)'에 여러 분포를 따르는 난수를 생성할 수 있는 함수가 나타난다. 따라서 난수를 생성하기 위한 함수를 클릭하면 왼쪽 창에 자세한 설명이 나온다. 원하는 함수를 최소, 최대 숫자를 표현식에 넣으면 생성된 난수를 값으로 가지는 새로운 변수가 만들어지는 것을 확인할 수 있다. 여기서의 난수는 어떤 분포를 갖는 경우가 아니고 단순임의추출을 통한 표본을 뽑기 위한 난수표 생성이므로 Uniform 분포를 이용한 난수표를 생성하여야 한다.

SAS 또는 SPSS를 사용하든 똑같은 프로그램을 다시 실행시키면 실행시킬 때마다 다른 난수표가 나온다는 것을 기억해야 한다. 그 이외의 엑셀을 포함한 모든 통계와 관련된 패키지 프로그램들은 난수표를 생성하는 프로그램들이 들어 있다.

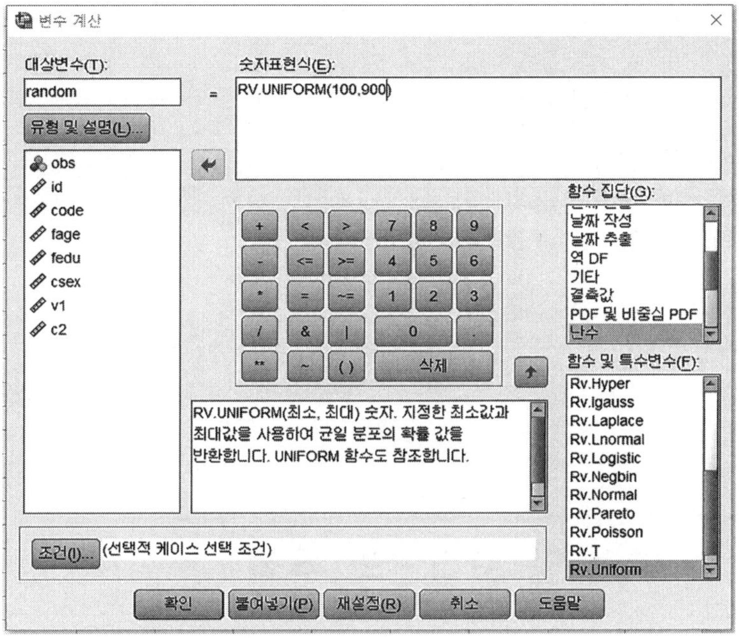

[그림 3.1] 메뉴 → 변환(T) → 변수계산의 팝업창

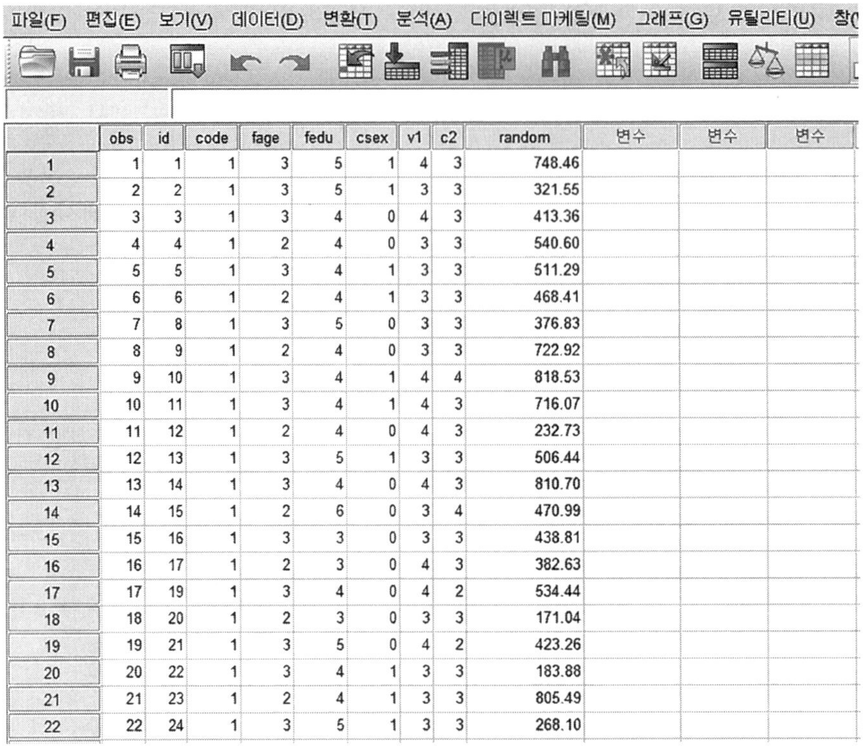

	obs	id	code	fage	fedu	csex	v1	c2	random	변수	변수	변수
1	1	1	1	3	5	1	4	3	748.46			
2	2	2	1	3	5	1	3	3	321.55			
3	3	3	1	3	4	0	4	3	413.36			
4	4	4	1	2	4	0	3	3	540.60			
5	5	5	1	3	4	1	3	3	511.29			
6	6	6	1	2	4	1	3	3	468.41			
7	7	8	1	3	5	0	3	3	376.83			
8	8	9	1	2	4	0	3	3	722.92			
9	9	10	1	3	4	1	4	4	818.53			
10	10	11	1	3	4	1	4	3	716.07			
11	11	12	1	2	4	0	4	3	232.73			
12	12	13	1	3	5	1	3	3	506.44			
13	13	14	1	3	4	0	4	3	810.70			
14	14	15	1	2	6	0	3	4	470.99			
15	15	16	1	3	3	0	3	3	438.81			
16	16	17	1	2	3	0	4	3	382.63			
17	17	19	1	3	4	0	4	2	534.44			
18	18	20	1	2	3	0	3	3	171.04			
19	19	21	1	3	5	0	4	2	423.26			
20	20	22	1	3	4	1	3	3	183.88			
21	21	23	1	2	4	1	3	3	805.49			
22	22	24	1	3	5	1	3	3	268.10			

[그림 3.2] 난수표 생성 결과

3.3 | 부호 및 모집단의 추정

3.3.1 모수(모평균, 모총계, 모비율)의 추정

앞서 이야기했듯이 모집단의 크기를 N, 표본의 크기를 n으로 표시한다. 또한 i번째 단위개체 또는 조사단위들의 값을 y_i라 표시하고 이 기호를 이용하여 각각의 평균은 다음과 같이 정의한다. 일반적으로 그리스문자와 대문자는 모집단의 특성을 묘사하고, 소문자는 표본의 특성을 나타낸다. 앞으로 여러 추정량 중 본 책에서는 우리가 조사하고자 하는 다음 세 가지 모수, 즉 모평균, 모총계, 모비율을 주로 언급하게 될 것이다. 이 세 가지의 모수는 모집단(N)을 통해 얻어지는 값으로 보편적으로 알려져 있지 않은 경우가 대부분이다.

모집단의 평균(모평균)

$$\mu = \overline{Y} = \frac{y_1 + \cdots + y_N}{N} = \frac{\sum_{i=1}^{N} y_i}{N}$$

(mu(뮤)라 읽는다.)

모집단의 총계(모총계)

$$\tau = \sum_{i=1}^{N} y_i = y_1 + \cdots + y_N$$

(tau(타우)라 읽는다.)

모집단의 비율(모비율)

$$p = \frac{1}{N} \sum_{i=1}^{N} y_i$$

여기서 y_i는 다음과 같다.

$$y_i = \begin{cases} 1 \text{ 특성이 존재하는 경우} \\ 0 \text{ 그렇지 않는 경우} \end{cases}$$

따라서 우리는 이 세 종류의 모수의 값을 추정하고자 다음 각각의 추정량을 사용하게 될 것이다. 이 경우는 표본(n)값을 통해 얻어지는 경우이다.

모평균의 추정: 표본의 평균

$$\hat{\mu} = \overline{y} = \frac{y_1 + \cdots + y_n}{n} = \frac{\sum_{i=1}^{n} y_i}{n}$$

모총계의 추정: 표본의 총계

$$\hat{\tau} = N\overline{y} = N \frac{\sum_{i=1}^{n} y}{n}$$

모비율의 추정: 표본의 비율

$$\hat{p} = \frac{1}{n}\sum_{i=1}^{n} y_i$$

정리

표본평균 $\overline{y}$는 μ의 불편추정량(unbiased estimator)이다. $(E(\overline{y}) = \mu)$

또한 $\hat{\tau} = N\overline{y}$도 모집단 총계 τ의 불편추정량이다. $(E(\hat{\tau}) = \tau)$

예제 3.2

[예제 3.1]에서 표본평균은 얼마인가?

풀이 5가구 중에 2가구를 추출했을 때 표본평균은 [예제 2.1]의 결과와 같다. 예를 들어 비복원추출의 경우에 가구 모집단의 평균자녀수의 평균은 2이다. 그러나 표본으로 가구 A와 B를 추출했을 때의 자녀의 평균은 3.5가 되고 또 표본으로 C와 E를 추출했을 경우 자녀의 평균은 1.5가 된다. 복원추출인 경우도 같은 방법이 된다.

또, 비복원추출의 경우에 표본평균의 기대치는 다음과 같다.

$$\mu_{\overline{y}} = E(\overline{y}) = \frac{1}{10}(3.5 + 1.5 + \cdots + 1) = 2.0$$

여기서 $E(\overline{y}) = \mu$이므로 비복원추출의 표본평균 $\overline{y}$는 불편추정량이다. 복원추출인 경우에도 표본평균의 기대치는 다음과 같다.

$$\mu_{\overline{y}} = E(\overline{y}) = \frac{1}{25}(2 + 3.5 + \cdots + 0) = 2.0$$

여기서도 $E(\overline{y}) = \mu$이므로 복원추출의 표본평균 $\overline{y}$는 불편추정량이다.

앞의 세 가지 모수, 즉 모평균, 모총계, 모비율 이외에 또 하나 필요한 것이 있는데 모집단의 분산, 모분산이 있다.

모집단의 분산(모분산)

y_i의 유한 모집단의 분산은 다음과 같이 정의한다.

$$\sigma^2 = \frac{\sum_{i=1}^{N}(y_i - \mu)^2}{N}$$

그러나 표본조사에서는 분모의 N 대신 $N-1$의 값을 사용해 다음과 같은 모분산을 많이 사용한다.

$$S^2 = \frac{\sum_{i=1}^{N}(y_i - \mu)^2}{N-1}$$

그 이유는 S^2을 사용하면 s^2은 S^2의 비복원인 경우에 불편추정량으로서 계산이 쉽고 간단하기 때문이다.

● 예제 3.3

[예제 3.1]에서 모분산은 얼마인가?

풀이 $\sigma^2 = \frac{1}{5}[(2-2)^2 + (5-2)^2 + (1-2)^2 + (2-2)^2 + (0-2)^2] = \frac{14}{5} = 2.8$

$S^2 = \frac{1}{5-1}[(2-2)^2 + (5-2)^2 + (1-2)^2 + (2-2)^2 + (0-2)^2] = \frac{14}{4} = 3.5$

3.3.2 표본평균 ($\overline{y}$)의 분산

어느 한 모수를 추정하기 위해 모집단에서 얻은 표본으로부터 추정량이 얻어지면 그 추정량이 제대로 추정된 것인지를 확인하기 위해 반드시 그 추정량의 분산을 반드시 구해야 한다. 일종의 바늘과 실인 셈이다. 예를 들어 어느 학교 학생들의 용돈 평균을 추정하기 위해 학교 학생들의 일부분의 표본을 뽑아 표본평균을 구하였으면 그 표본평균에 대한 분산을 반드시 언급하여야 하는 것이 기본이다. 이는 표본평균의 구간추정이나 변이계수 그리고 표본의 크기를 구하는데 이에 표본평균의 분산이 필요하다. 먼저 표본평균에 대한 분산을 먼저 언급하고자 한다. 표본평균의 분산은 다음과 같다.

$$V(\overline{y}) = \sigma^2_{\overline{y}} = E[\overline{y} - E(\overline{y})]^2 = E(\overline{y} - \mu)^2$$

정리

비복원의 경우 단순임의추출에 의해 얻은 평균 $\overline{y}$ 은 분산은 다음과 같다.

$$V(\overline{y}) = \sigma^2_{\overline{y}} = E(\overline{y}-\mu) = \frac{(N-n)}{N}\frac{S^2}{n} = (1-f)\frac{S^2}{n} = \frac{N-n}{N-1}\frac{\sigma^2}{n}$$

단, $f = n/N$은 추출률이다.

증명1 $V(\overline{y}) = E(\overline{y}-\mu)^2 = E\left[\frac{1}{n}\sum_{i=1}^{n}(y_i-\mu)\right]^2 = \frac{1}{n^2}E\left[\sum_{i=1}^{n}(y_i-\mu)\right]^2$

$$= \frac{1}{n^2}E\left[\sum_{i=1}^{n}(y_i-\mu)^2 + \sum_{i=1}^{n}\sum_{\substack{j=1 \\ i\neq j}}(y_i-\mu)(y_j-\mu)\right]$$

$$= \frac{1}{n^2}\sum^{n}E(y_i-\mu)^2 + \frac{1}{n^2}\sum_{i=1}^{n}\sum_{\substack{j=1 \\ i\neq j}}E(y_i-\mu)(y_j-\mu)$$

여기서

$$E(y_i-\mu)(y_j-\mu) = \frac{1}{N(N-1)}\sum_{i=1}^{N}\sum_{\substack{j=1 \\ i\neq j}}(y_i-\mu)(y_j-\mu)$$

이다. 따라서

$$= \frac{1}{n^2}n\,\sigma^2 + \frac{1}{n^2}\frac{1}{N(N-1)}\sum_{i=1}^{n}\sum_{\substack{j=1 \\ i\neq j}}^{n}\sum_{i=1}^{N}\sum_{\substack{j=1 \\ i\neq j}}^{N}(y_i-\mu)(y_j-\mu)$$

이다. 여기서 위의 두 번째 항을 간단하게 하기 위하여 아래 식을 이용할 수 있다.

$$\left[\sum_{i=1}^{N}(y_i-\mu)\right]^2 = \sum_{i=1}^{N}(y_i-\mu)^2 + \sum_{i=1}^{N}\sum_{\substack{j=1 \\ i\neq j}}^{N}(y_i-\mu)(y_j-\mu)$$

위 부등호를 기준으로 오른쪽 두 번째 항을 왼쪽으로 옮기고 왼쪽 항을 오른쪽으로 옮기면 아래와 같고 $\left[\sum_{i=1}^{N}(y_i-\mu)\right]^2$이 0이므로 다음과 같이 최종적으로 정리할 수 있다.

$$\sum_{i=1}^{N}\sum_{\substack{j=1 \\ i\neq j}}(y_i-\mu)(y_j-\mu) = \left[\sum_{i=1}^{N}(y_i-\mu)\right]^2 - \sum_{i=1}^{N}(y_i-\mu)^2 = -\sum_{i=1}^{N}(y_i-\mu)^2$$

따라서 가장 우측의 식을 본 식에 대입하여 정리하면 다음과 같이 쓸 수 있다.

$$= \frac{\sigma^2}{n} + \frac{1}{n^2}\frac{1}{N(N-1)}\left[-\sum_{i=1}^{n}\sum_{\substack{j=1\\ i\neq j}}^{n}\sum^{N}(y_i-\mu)^2\right]$$

$$= \frac{\sigma^2}{n} + \frac{1}{n^2}\frac{1}{(N-1)}\left(-\sum_{i=1}^{n}\sum_{\substack{j=1\\ i\neq j}}^{n}\sigma^2\right)$$

$$= \frac{\sigma^2}{n} - \frac{1}{n^2}\frac{1}{N-1}n(n-1)\sigma^2$$

$$= \frac{N-n}{N-1}\frac{\sigma^2}{n}$$

복원추출의 경우에는 위의 증명에서 $\frac{\sigma^2}{n}$이후의 항목은 0이 된다. 이는 y_i와 y_j가 서로 독립이므로 공분산이 0이 되기 때문이다.

증명2 또 다른 방법으로 증명하는 방법이 있다. 복원의 경우를 먼저 구해 보자. 표본평균의 분산은 다음과 같이 표현할 수 있다.

$$V(\bar{y}) = V\left(\frac{1}{n}\sum^{N} y_i \cdot Z_i\right) = \frac{1}{n^2}\left[\sum^{N} y_i^2 \cdot V(Z_i) + \sum\sum_{i\neq j}^{N} y_i\, y_j\, Cov\,(Z_i, Z_j)\right]$$

여기서 위에 언급한 Z_i는 표본으로 추출된 경우를 나타내는 것이므로 여러 번 발생하는 경우 다음과 같은 이항분포를 한다.

$$Z_i \sim B\left(n,\ \frac{1}{N}\right)$$

$$\begin{aligned} Cov(Z_i,\ Z_j) &= E(Z_i,\ Z_j) - E(Z_i)E(Z_j) \\ &= \frac{n}{N}\cdot\frac{(n-1)}{N} - \left(\frac{n}{N}\right)^2 \\ &= \frac{n}{N^2}[n-1-n] = -\frac{n}{N^2} \end{aligned}$$

따라서

$$\begin{aligned} V(\bar{y}) &= \frac{1}{n^2}\left[\sum^{N} y_i^2 \cdot n \cdot \frac{1}{N}\cdot\left(1-\frac{1}{N}\right) - \sum\sum_{i\neq j}^{N} y_i y_j \cdot \frac{n}{N^2}\right] \\ &= \frac{1}{n^2}\cdot\frac{n}{N}\cdot\frac{1}{N}\left[(N-1)\sum^{N} y_i^2 - \sum\sum_{i\neq j}^{N} y_i y_j\right] \end{aligned}$$

여기서 $\sum^{N}(y_i-\mu)^2=\sum^{N}y_i^2-\frac{1}{N}(\sum^{N}y_i)^2$

$$
\begin{aligned}
&=\sum^{N}(y_i^2-2\mu y_i+\mu^2)\\
&=\sum^{N}y_i^2-2\mu\sum y_i+N\mu^2\\
&=\sum^{N}y_i^2-2N\mu\frac{\sum y_i}{N}+N\mu^2\\
&=\sum^{N}y_i^2-2N\mu^2+N\mu^2\\
&=\sum^{N}y_i^2-N\mu^2\\
&=\sum^{N}y_i^2-N\left(\sum^{N}\frac{y_i}{N}\right)^2\\
&=\sum^{N}y_i^2-\frac{1}{N}(\sum^{N}y_i)^2\\
&=\frac{1}{N}\left[N\sum^{N}y_i^2-[\sum^{N}y_i^2+\sum\sum_{i\neq j}^{N}y_iy_j]\right]\\
&=\frac{1}{N}\left[(N-1)\sum^{N}y_i^2-\sum\sum_{i\neq j}^{N}y_iy_j\right]
\end{aligned}
$$

이므로 좌우를 바꿔서 다시 정리하면

$$\frac{1}{N}\left[(N-1)\sum^{N}y_i^2-\sum\sum_{i\neq j}^{N}y_iy_j\right]=\sum^{N}(y_i-\mu)^2=N\cdot\frac{\sum^{N}(y_i-\mu)^2}{N}=N\cdot\sigma^2$$

이다. 이를 본식에 대입하면 다음과 같은 최종 결과를 얻는다.

$$V(\overline{y})=\frac{1}{n^2}\cdot\frac{n}{N}\cdot N\cdot\sigma^2$$

따라서

$$V(\overline{y})=\begin{cases}\dfrac{\sigma^2}{n}\\[2mm]\dfrac{n-1}{N}\cdot\dfrac{S^2}{n}\end{cases}$$

이다.

여기서 $\sigma^2 = \frac{N-1}{N} S^2$이다.

비복원의 경우는 다음과 같이 구할 수 있다.

$$V(\bar{y}) = V(\frac{1}{n}\sum_{i=1}^{N} y_i \cdot Z_i) = \frac{1}{n^2}\left[\sum_{i=1}^{N} y_i^2 \cdot V(Z_i) + \sum_{i=1}^{N}\sum_{i \neq j}^{N} y_i\, y_j\, Cov\,(Z_i, Z_j)\right]$$

여기서 Z_i와 Z_j의 공분산은 앞서 언급한 복원의 경우와 달리 좀 복잡한 식을 띠게 된다.

$$\begin{aligned} Cov(Z_i,\ Z_j) &= E(Z_i,\ Z_j) - E(Z_i)E(Z_j) \\ &= \frac{n \cdot (n-1)}{N \cdot (N-1)} - \left(\frac{n}{N}\right)^2 \end{aligned}$$

이 경우

$$\begin{aligned} E(Z_i,\ Z_j) &= P(Z_i = 1,\ Z_j = 1) \\ &= \frac{n}{N} \cdot \frac{n-1}{N-1} \end{aligned}$$

이므로

$$\begin{aligned} Cov(Z_i,\ Z_j) &= \frac{n}{N}\left(\frac{n-1}{N-1} - \frac{n}{N}\right) \\ &= -\left[\frac{n}{N} \cdot \frac{N-n}{N \cdot N-1}\right] \\ &= -\left[\frac{n}{N} \cdot (1 - \frac{n}{N}) \cdot \frac{1}{N-1}\right] \end{aligned}$$

$$V(\bar{y}) = \frac{1}{n^2} \cdot \frac{n}{N} \cdot \frac{N-n}{N}\left[\sum^{N} y_i^2 - \frac{1}{N-1}\sum\sum_{i \neq j}^{N} y_i y_j\right]$$

앞에서 언급한 식인 $\frac{1}{N}\left[(N-1)\sum^{N} y_i^2 - \sum\sum_{i \neq j}^{N} y_i y_j\right] = \sum^{N}(y_i - \mu)^2$을 이용하여 양변을 $\frac{(N-1)}{N}$로 나누면 다음과 같은 결과를 얻게 된다.

$$\sum^{N} y_i^2 - \frac{1}{N-1}\sum\sum_{i \neq j}^{N} y_i y_j = \frac{N}{N-1}\sum^{N}(y_i - \mu)^2$$

이를 위의 본 식에 대입하면 최종적으로 다음과 같은 표본평균의 분산을 얻는다.

$$\begin{aligned} V(\bar{y}) &= \frac{1}{n^2} \cdot \frac{n}{N} \cdot \frac{N-n}{N} \cdot \left[\frac{N}{N-1}\sum^{N}(y_i-\mu)^2\right] \\ &= \frac{1}{n^2} \cdot \frac{n}{N} \cdot \frac{N-n}{N} \cdot N \cdot S^2 \\ &= \frac{N-n}{N} \cdot \frac{S^2}{n} \end{aligned}$$

여기서 $S^2 = \frac{1}{N-1}\sum^{N}(y_i-\mu)^2 = \frac{N}{N-1}\sigma^2$이다.

마지막으로 이를 증명 1과 증명 2를 정리하면 다음과 같다.

비복원 추출인 경우

$$V(\bar{y}) = \sigma_{\bar{y}}^2 = \begin{cases} \frac{N-n}{N-1}\frac{\sigma^2}{n} \\ \\ \frac{N-n}{N}\frac{S^2}{n} \end{cases}$$

복원추출의 경우

$$V(\bar{y}) = \sigma_{\bar{y}}^2 = \begin{cases} \frac{\sigma^2}{n} \\ \\ \frac{N-1}{N}\frac{S^2}{n} \end{cases}$$

예제 3.4

[예제 3.1]에서 비복원과 복원인 경우의 $V(\bar{y})$를 구하여라.

풀이 비복원추출일 경우

$$V(\bar{y}) = \sigma_{\bar{y}}^2 = \begin{cases} \frac{N-n}{N-1}\frac{\sigma^2}{n} = \frac{5-2}{5-1}\frac{1}{2}\frac{14}{5} = 1.05 \\ \\ \frac{N-n}{N}\frac{S^2}{n} = \frac{5-2}{5}\frac{1}{2}\frac{14}{4} = 1.05 \end{cases}$$

복원추출의 경우

$$V(\overline{y}) = \sigma_{\overline{y}}^2 = \begin{cases} \dfrac{\sigma^2}{n} = \dfrac{1}{2}\dfrac{14}{5} = 1.4 \\ \\ \dfrac{N-1}{N}\dfrac{S^2}{n} = \dfrac{5-1}{5}\dfrac{1}{2}\dfrac{14}{4} = 1.4 \end{cases}$$

○ 연습예제 3.4

어느 마을에 20가구 중 5가구를 추출하여 가구당 자녀수를 조사하고자 한다. 다음은 20개의 모집단 가구에 대한 자녀수이다.

3 4 2 3 4 7 2 4 1 0 2 5 4 2 5 3 4 1 2 3

1. 가구당 평균 가족 수(모평균)와 모분산(σ^2, S^2)을 구하여라.
2. 복원과 비복원의 경우에 $V(\overline{y})$를 구하여라.
3. 처음 5개를 표본으로 추출하였다 하자. 이때 표본평균과 $\widehat{V}(\overline{y})$를 구하여라.

여기서 $\dfrac{N-n}{N-1}$과 $\dfrac{N-n}{N}$을 분산의 유한모집단 수정계수(finite population correction: FPC)라 한다. 또 $\dfrac{n}{N}$를 추출률(sampling fraction)이라 한다. 무한모집단이나 $\dfrac{n}{N} \le 0.05$일 경우에는 $\dfrac{N-n}{N-1} \fallingdotseq \dfrac{N-n}{N} \fallingdotseq 1$ 또 $\dfrac{N-1}{N} \fallingdotseq 1$이 된다. 이는 큰 모집단에 비해 표본의 크기가 작다는 말이 된다. 이 경우에는 비복원추출이나 복원추출을 같다고 본다. 즉 분산의 유한모집단 계수가 1이므로 비복원추출의 분산이나 복원추출의 분산이 같게 되므로 추출방법에 상관없이 동일한 결과를 갖게 된다. 따라서 다음과 같은 평균의 분산을 갖게 된다.

비복원추출 = 복원추출

$$V(\overline{y}) = \sigma_{\overline{y}}^2 = \begin{cases} \dfrac{\sigma^2}{n} \\ \\ \dfrac{S^2}{n} \end{cases}$$

실제 현장에서는 모분산 σ^2과 S^2을 모르는 경우가 대부분이다. 이 경우 모분산 σ^2과 S^2대신에 다음과 같이 정의되는 표본분산을 이용한다.

표본분산 (s^2)

$$s^2 = \frac{1}{n-1}\sum_{i=1}^{n}(y_i - \bar{y})^2 , \quad n > 1$$

여기서 $n-1$ 대신 n을 쓸 수 있으나 $n-1$일 경우 모분산의 불편추정량이 되므로 $n-1$을 사용한다. 즉, $E(s^2) = \sigma^2$ (복원), $E(s^2) = S^2$ (비복원)이다.

정리
표본분산 s^2는 S^2(비복원) 또는 s^2는 σ^2(복원)의 불편추정량(unbiased estimator)이다. $E(s^2) = S^2$(비복원), $E(s^2) = \sigma^2$(복원)

풀이 비복원의 경우와 복원의 경우를 나누어서 증명해보기로 한다.

비복원의 경우

먼저 비복원인 경우를 생각해보자.

$$\begin{aligned}
s^2 &= \frac{1}{n-1}\sum^{n}(y_i - \bar{y})^2 \\
&= \frac{1}{n-1}\sum^{n}[(y_i-\mu) - (\bar{y}-\mu)]^2 \\
&= \frac{1}{n-1}\sum^{n}[(y_i-\mu)^2 - 2(y_i-\mu)(\bar{y}-\mu) + (\bar{y}-\mu)^2] \\
&= \frac{1}{n-1}[\sum^{n}(y_i-\mu)^2 - 2\sum^{n}(y_i-\mu)(\bar{y}-\mu) + n(\bar{y}-\mu)^2] \\
&= \frac{1}{n-1}[\sum^{n}(y_i-\mu)^2 - 2(\sum^{n}y_i - n\mu)(\bar{y}-\mu) + n(\bar{y}-\mu)^2] \\
&= \frac{1}{n-1}\left[\sum_{i=1}^{n}(y_i-\mu)^2 - 2\left((n\frac{\sum_{i=1}^{n}y_i}{n} - n\mu)(\bar{y}-\mu)\right) + n(\bar{y}-\mu)^2\right] \\
&= \frac{1}{n-1}[\sum^{n}(y_i-\mu)^2 - 2n(\bar{y}-\mu)(\bar{y}-\mu) + n(\bar{y}-\mu)^2] \\
&= \frac{1}{n-1}[\sum^{n}(y_i-\mu)^2 - n(\bar{y}-\mu)^2]
\end{aligned}$$

따라서 표본분산에 기대치를 취하면

$$E(s^2) = \frac{1}{n-1}[E[\sum^{n} (y_i - \mu)^2] - nE(\overline{y} - \mu)^2]$$

여기서

$$E[\sum^{n} (y_i - \mu)^2] = \sum^{n} E(y_i - \mu)^2 = n \cdot \sigma^2 = n \cdot \frac{N-1}{N} \cdot S^2$$

$$E[n(\overline{y_i} - \mu)^2] = n \cdot E(\overline{y_i} - \mu)^2 = n \cdot V(\overline{y}) = \begin{cases} \frac{N-n}{N} S^2 \\ \frac{N-n}{N-1} \sigma^2 \end{cases}$$

이다. 따라서

$$\begin{aligned} E(s^2) &= \frac{1}{n-1} \cdot \frac{1}{N} \cdot S^2 \cdot [n \cdot (N-1) - (N-n)] \\ &= S^2 \end{aligned}$$

이다. 이를 σ^2으로 표현하면 다음과 같다.

$$\begin{aligned} E(s^2) &= \frac{1}{n-1}\left[n \cdot \sigma^2 - \frac{N-n}{N-1}\sigma^2\right] \\ &= \frac{1}{n-1}\left[\frac{(N-1)n - (N-n)}{N-1}\right]\sigma^2 \\ &= \frac{N}{N-1}\sigma^2 \end{aligned}$$

다시 말해 비복원의 경우에는 s^2의 기대치는 σ^2이 아니다. 따라서 불편추정량이 되지 못한다.

복원인 경우

이 경우는 위의 결과를 이용하여 바로 구할 수 있다. 먼저 복원의 평균의 분산은 다음과 같다고 앞에서 언급하였다.

$$V(\overline{y}) = \begin{cases} \frac{\sigma^2}{n} \\ \frac{N-1}{N} \frac{S^2}{n} \end{cases}$$

따라서 비복원의 경우와 같이 표본분산에 기대치를 취하면 비복원의 경우를 비교했을 때 두 번째 항의 경우만 달라진다.

$$E(s^2) = \frac{1}{n-1}[E[\sum^n (y_i - \mu)^2] - nE(\overline{y} - \mu)^2]$$

여기서

$$E[\sum^n (y_i - \mu)^2] = \sum^n E(y_i - \mu)^2 = n \cdot \sigma^2 = n \cdot \frac{N-1}{N} \cdot S^2$$

$$E[n(\overline{y_i} - \mu)^2] = n \cdot E(\overline{y_i} - \mu)^2 = n \cdot V(\overline{y}) = \begin{cases} \sigma^2 \\ \frac{N-1}{N} S^2 \end{cases}$$

따라서

$$E(s^2) = \frac{1}{n-1}[n \cdot \sigma^2 - \sigma^2] = \sigma^2$$

따라서

$$E(s^2) = \sigma^2(\text{복원})$$

이며, 이를 S^2으로 표현하면 다음과 같다.

$$E(s^2) = \frac{1}{n-1}\left[n \cdot \frac{N-1}{N} \cdot S^2 - \frac{N-1}{N} \cdot S^2\right] = \frac{N-1}{N} S^2$$

대부분의 경우 모분산인 σ^2과 S^2은 알지 못하므로 표본평균의 분산($V(\overline{y}) = \sigma^2_{\overline{y}}$) 의 추정량 ($\widehat{V}(\overline{y}) = \hat{\sigma}^2_{\overline{y}}$)은 다음과 같이 얻을 수 있다.

3.3.3 표본평균($\overline{y}$)의 분산의 추정량

모분산인 σ^2과 S^2은 알지 못하므로 이를 대신하여 표본분산 s^2을 사용한다. S^2을 대신하여 s^2을 사용할 경우 다음과 같은 결과를 얻게 된다.

비복원의 경우

$$\widehat{V}(\overline{y}) = \hat{\sigma}^2_{\overline{y}} = \frac{N-n}{N}\frac{s^2}{n}$$

복원의 경우

$$\hat{V}(\bar{y}) = \hat{\sigma}^2_{\bar{y}} = \frac{N-1}{N}\frac{s^2}{n}$$

● 예제 3.5

복원의 경우에 표본이 B, E가 추출되었을 경우 $\hat{V}(\bar{y})$는 얼마인가?

풀이 $\overline{X} = \frac{(5+0)}{2} = 2.5,\ s^2 = \frac{1}{2-1}[(5-2.5)^2 + (0-2.5)^2] = 2(2.5)^2$

$$\hat{V}(\bar{y}) = \frac{N-1}{N}\frac{s^2}{n} = \frac{5-1}{5}\frac{2(2.5)^2}{2} = 5$$

○ 연습예제 3.5

어느 학교에 5,000명의 학생 중 30명을 추출하여 하루에 접속하는 인터넷 시간을 조사한 결과가 다음과 같이 나왔다 하자.

3.4	4.3	2.2	2.3	4.2	4.3	3.2	3.3	3.0	1.0	2.1	2.2	3.2	3.4	4.3
5.4	3.3	3.2	3.3	2.3	3.2	3.2	1.2	0.5	4.3	3.3	3.2	3.4	3.1	2.3

1. 학생 1인당 평균 인터넷 접속 시간평균과 표본분산(s^2)을 구하여라.
2. 표본평균의 분산의 추정량, $\hat{V}(\bar{y})$을 복원과 비복원 경우를 모두 구하여라.

3.3.4 모총계(τ)의 추정량

모총계는 총 모집단의 개수에 모평균을 곱한 것이다.

$$\tau = N\mu$$

이 경우의 모총계 τ의 추정량 $\hat{\tau}$는 총 모집단의 수에 모평균 대신에 표본평균을 곱한 것이다.

$$\hat{\tau} = N\bar{y}$$

정리

모총계 τ의 추정량 $\hat{\tau}$은 불편추정량이다.

$$E(\hat{\tau}) = \tau$$

3.3.5 표본총계($\hat{\tau}$)의 분산

표본총계 ($\hat{\tau}$)의 분산은 다음과 같다.

$$\begin{aligned} V(\hat{\tau}) = \sigma^2_{\hat{\tau}} &= E(\hat{\tau} - \tau)^2 = E(N\overline{y} - N\mu)^2 \\ &= N^2 E(\overline{y} - \mu)^2 = N^2 \sigma^2_{\overline{y}} \end{aligned}$$

이는 표본평균의 분산에 총 모집단의 제곱을 곱한 것과 같다. 이에 따른 비복원추출과 복원추출의 경우에 S^2을 기준으로 총계의 분산은 다음과 같다.

비복원추출의 경우

$$V(\hat{\tau}) = \sigma^2_{\hat{\tau}} = N^2 \frac{N-n}{N} \frac{S^2}{n}$$

복원추출의 경우

$$V(\hat{\tau}) = \sigma^2_{\hat{\tau}} = N^2 \frac{N-1}{N} \frac{S^2}{n}$$

3.3.6 표본총계($\hat{\tau}$)의 분산의 추정량

표본평균의 분산의 추정량과 동일하게 일반적으로 모분산을 잘 알지 못하므로 모분산 대신 표본분산을 사용하게 된다. 따라서 모총계 τ의 추정량 $\hat{\tau}$의 분산의 추정량은 S^2을 기준으로 다음과 같다.

$$\hat{V}(\hat{\tau}) = \hat{\sigma}^2_{\hat{\tau}} = \hat{V}(\hat{\tau}) = N^2 \hat{\sigma}^2_{\overline{y}}$$

비복원추출의 경우

$$\hat{V}(\hat{\tau}) = \hat{\sigma}^2_{\hat{\tau}} = N^2 \frac{N-n}{N} \frac{s^2}{n}$$

복원추출의 경우

$$\hat{V}(\hat{\tau}) = \hat{\sigma}^2_{\hat{\tau}} = N^2 \frac{N-1}{N} \frac{s^2}{n}$$

예제 3.6

한 대학교에서 우유를 판매하는 매점 주인은 우유가 유통기한이 짧기 때문에 재고 없는 우유를 판매하기 위해 하루에 소비하는 우유량의 추정하여 그 추정된 양만큼 우유를 비치하려고 생각하고 하루를 정해 5000명의 재학생 중에 300명을 단순임의로 추출하여 우유 소비량을 조사하였다. 300명의 하루 우유 소비량은 1인당 평균 100cc였다. 또 분산이 25cc^{2}이었다. 대학교 전체가 하루에 소비하는 총 우유량은 얼마인가? 또 총 우유 소비량의 분산은 얼마인가? 비복원추출인 경우에 계산하여라.

풀이 $N=5,000,\ n=300,\ \bar{y}=100$

따라서 총 우유 소비량은 다음과 같다.

$$\hat{\tau}=N\bar{y}=5,000\times 100=500,000\,cc$$

또한 총계의 분산 추정량은 다음과 같다.

$$\hat{V}(\hat{\tau})=N^2\frac{N-n}{N}\frac{s^2}{n}=5,000^2\frac{5,000-300}{5,000}\frac{25}{300}=1,958,333.33\,cc^2$$

연습예제 3.6

30개의 병실이 있는 병원이 있다. 그 병원의 병실을 10개 추출하여 그 병원의 환자 수를 추정하려고 한다. 10개의 병실의 환자 수는 다음과 같다.

3 2 6 3 6 3 0 1 4 4

(1) 병실당 환자 평균과 수와 병원 총환자 수를 추정하여라.

(2) 표본분산 s^2을 구하여라.

(3) 비복원의 경우 $\hat{V}(\bar{y})$, $\hat{V}(\hat{\tau})$를 계산하여라.

3.3.7 모비율(p)의 추정

후보자의 지지율, 흡연비율과 같이 어느 한 모집단의 특성의 비율을 조사하는 경우가 있다. 이를 모비율이라 한다. 모비율은 다음과 같이 정의한다.

$$p=\frac{1}{N}\sum_{i=1}^{N}y_i,\quad y_i=\begin{cases}1 & \text{특성이 존재하는 경우}\\ 0 & \text{그렇지 않는 경우}\end{cases}$$

또 표본비율은 다음과 같다.

$$\hat{p} = \frac{1}{n}\sum_{i=1}^{n} y_i$$

여기서도 y_i는 위와 같이 정의된다. 모비율의 p의 추정량은 $\hat{p}$로 표시하며 이는 표본비율이 된다. 이 역시 표본평균, 표본총계와 마찬가지로 불편추정량이다.

$$E(\hat{p}) = p$$

예제 3.7

$N=5$명 중 3명이 남성이다. 남성을 1로 하고 여성을 0으로 했을 때 A=1, B=1, C=1, D=0, E=0이다. 이로부터 $n=2$명을 비복원으로 추출했을 때 각 경우의 표본비율을 구하고 표본비율이 모비율과는 불편추정량임을 보여라.

풀이 남성에 대한 모비율은 $p=\frac{1}{5}(1+1+1+0+0)=\frac{3}{5}$이다. 비복원추출이고 표본이 2이므로 경우의 수는 모두 열 가지이다.

	y_i	합	평균
A, B	1, 1	2	1
A, C	1, 1	2	1
A, D	1, 0	1	0.5
A, E	1, 0	1	0.5
B, C	1, 1	2	1
B, D	1, 0	1	0.5
B, E	1, 0	1	0.5
C, D	1, 0	1	0.5
C, E	1, 0	1	0.5
D, E	0, 0	0	0

$$E(\hat{p}) = \frac{(1+\cdots+0)}{10} = \frac{6}{10} = \frac{3}{5} = p$$

다음은 표본비율이 모비율의 불편추정량임을 나타낸다.

$$E(\hat{p}) = p$$

비율의 경우에 모분산 (S^2)의 정의를 하기 전에 먼저 $\sum y_i$를 A라고 다음과 같이 정의할 수 있다.

$$\sum_{i=1}^{N} y_i = A, \quad y_i = \begin{cases} 1 \text{ 특성이 존재하는 경우} \\ 0 \text{ 그렇지 않는 경우} \end{cases}$$

따라서 모비율은 A에 총계 N을 나눈 것이다.

$$p = \frac{1}{N}\sum_{i}^{N} y_i = A/N = \mu$$

모비율에 대한 모분산은 다음과 같이 계산된다.

$$\begin{aligned} S^2 &= \frac{1}{N-1}\sum(y_i - \mu)^2 \\ &= \frac{1}{N-1}\sum[y_i^2 - 2\mu y_i + \mu^2] \\ &= \frac{1}{N-1}[\sum y_i^2 - 2\mu\sum y_i + N\mu^2] \\ &= \frac{1}{N-1}[\sum y_i^2 - N\mu^2] \\ &= \frac{1}{N-1}(Np - Np^2), \quad \sum y_i^2 = Np, \quad \mu^2 = p^2 \\ &= \frac{N}{N-1}pq, \quad q = 1-p \end{aligned}$$

예제 3.8

[예제 3.7]에서 모분산을 구하여라.

$$S^2 = \frac{N}{N-1}pq = \frac{5}{5-1}\frac{3}{5}\frac{2}{5} = \frac{6}{20} = \frac{3}{10}$$

비율의 경우에 표본분산(s^2)에 대하여 언급해보자. y_i는 모분산에서의 정의와 같다. 즉 y_i는 특성치가 존재하느냐 하지 않느냐에 따라 1과 0으로 나눌 수 있다. 그 특징들이 존재하는 것들의 합을 a라 하면 다음과 같이 쓸 수 있다.

$$\sum_{i=1}^{n} y_i = a$$

따라서 표본비율은 다음과 같다.

$$\hat{p} = \frac{1}{n}\sum y_i = \frac{a}{n} = \bar{y}$$

이로 인해 비율의 표본분산도 모분산과 동일한 방법으로 얻을 수 있다.

$$s^2 = \frac{1}{n-1}\sum^{n}(y_i - \bar{y})^2 = \frac{n}{n-1}\hat{p}\hat{q},\quad \hat{q} = 1 - \hat{p}$$

3.3.8 표본비율($\hat{p}$)의 분산

표본비율 ($\hat{p}$)의 분산은 다음과 같다.

$$V(\hat{p}) = \sigma^2_{\hat{p}} = E(\hat{p} - E(\hat{p}))^2 = E(\hat{p} - p)^2$$

비복원의 경우

$$V(\hat{p}) = \sigma^2_{\hat{p}} = \frac{N-n}{N}\frac{S^2}{n} = \frac{N-n}{N-1}\frac{pq}{n}$$

복원의 경우

$$V(\hat{p}) = \sigma^2_{\hat{p}} = \frac{N-1}{N}\frac{S^2}{n} = \frac{N-1}{N}\frac{N}{N-1}\frac{pq}{n} = \frac{pq}{n}$$

3.3.9 표본비율($\hat{p}$)의 분산의 추정량

표본비율($\hat{p}$)의 분산($\sigma^2_{\hat{p}}$)의 추정량은 다음과 같다.

비복원의 경우

$$\hat{V}(\hat{p}) = \hat{\sigma}^2_{\hat{p}} = \frac{N-n}{N}\frac{s^2}{n} = \frac{N-n}{N}\frac{\hat{p}\hat{q}}{n-1}$$

복원의 경우

$$\hat{V}(\hat{p}) = \hat{\sigma}^2_{\hat{p}} = \frac{N-1}{N}\frac{s^2}{n} = \frac{N-1}{N}\frac{1}{n}\frac{n}{n-1}\hat{p}\hat{q}$$

$$= \frac{N-1}{N}\frac{\hat{p}\hat{q}}{n-1} \fallingdotseq \frac{\hat{p}\hat{q}}{n-1} \quad (N-1 \fallingdotseq N)$$

● 예제 3.9

[예제 3.7]의 예에서 표본비율 ($\hat{p}$)의 분산을 구하여라.

풀이 비복원추출의 경우

$$V(\hat{p}) = \sigma_{\hat{p}}^2 = \frac{N-n}{N}\frac{S^2}{n} = \frac{5-2}{5}\frac{1}{2}\frac{3}{10} = \frac{9}{100}$$

복원추출의 경우

$$V(\hat{p}) = \sigma_{\hat{p}}^2 = \frac{N-1}{N}\frac{S^2}{n} = \frac{5-1}{5}\frac{1}{2}\frac{3}{10} = \frac{12}{100} = \frac{3}{25}$$

● 예제 3.10

전교생이 총 5,000명인 학교에서 비복원의 경우 단순임의추출로 100명을 뽑아 흡연율을 조사하였더니 30명이 흡연자로 조사되었다. 5,000명에 대한 흡연비율을 추정하고 그 표본비율 $\hat{p}$의 분산을 추정하여라.

풀이 $N = 5,000, n = 100, \ \hat{p} = \frac{30}{100} = 0.3$

$$\hat{V}(\hat{p}) = \hat{\sigma}_{\hat{p}}^2 = \frac{N-n}{N}\frac{\hat{p}\hat{q}}{n-1} = \frac{5,000-100}{5,000}\frac{0.3\times 0.7}{100-1} = 0.002058$$

○ 연습예제 3.10

다음은 50개의 주차시설의 주차 유무이다. 주차시설에 차가 주차되어 있는 경우에는 1, 그렇지 않은 경우에는 0이다.

1	1	0	1	0	1	1	0	0	1
0	1	0	0	1	1	0	0	0	1
1	1	0	1	0	1	0	1	1	1
0	1	1	1	0	1	1	0	0	1
1	1	0	1	1	1	1	1	0	0

(1) 모비율 p와 모분산 S^2을 계산하여라.

(2) 만일 첫 번째 라인과 두 번째 라인이 추출되었다 하자. 즉 크기가 $n=20$인 표본을 뽑아 $\hat{p}$와 s^2을 계산하여라.

(3) (2)의 결과를 이용하여 $\hat{V}(\hat{p})$를 구하여라.(비복원인 경우)

3.4 | 신뢰구간

일반적으로 통계량 $\hat{\theta}$이 정규분포를 하고 모집단 모수 θ에 대한 불편추정량일 때 θ의 $1-\alpha$ 신뢰구간은 다음과 같다.

$$\hat{\theta} \pm z\sqrt{V(\hat{\theta})}$$

여기서 z는 정규분포의 각 α에 따라 달라질 수 있는 신뢰계수이다.

3.4.1 모평균 μ에 대한 신뢰구간

모평균 μ에 대한 신뢰구간은 다음과 같다.

비복원의 경우의 신뢰구간

$$\overline{y} \pm z\sqrt{\frac{N-n}{N}\frac{S^2}{n}}$$

복원의 경우의 신뢰구간

$$\overline{y} \pm z\sqrt{\frac{S^2}{n}}$$

그러나 대부분의 경우 모분산을 알지 못하므로 모분산 대신에 표본분산을 사용한다. 즉 위의 식에서 $S^2 = \dfrac{1}{N-1}\sum_{i=1}^{N}(y_i-\mu)^2$이나 S^2는 모분산이므로 이에 대한 추정치는 $s^2 = \dfrac{1}{n-1}\sum_{i=1}^{n}(y_i-\overline{y})^2$이다. 그러므로 모총계 μ에 대한 추정 신뢰구간은 다음과 같다.

비복원의 경우 추정의 신뢰구간

$$\bar{y} \pm z\sqrt{\frac{N-n}{N}\frac{s^2}{n}}$$

복원의 경우 추정의 신뢰구간

$$\bar{y} \pm z\sqrt{\frac{s^2}{n}}$$

● 예제 3.11

한 대학에서 5,000명 중 100명을 추출하여 몸무게를 조사하였더니 $\bar{y}=69\,kg$, $s^2=50\,kg^2$이다. 정규분포를 가정하고 μ의 95% 신뢰구간을 구하여라.(복원과 비복원으로 각각 신뢰구간을 구하여라.)

풀이 비복원의 경우

$$\bar{y} \pm z\sqrt{\frac{N-n}{N}\frac{s^2}{n}} = 69 \pm 1.96\sqrt{\frac{5,000-100}{5,000}\frac{50}{100}} = 69 \pm 1.37$$

이므로 μ의 95% 신뢰구간 $(67.62 \sim 70.37)$

복원의 경우

$$\bar{y} \pm z\sqrt{\frac{s^2}{n}} = 69 \pm 1.96\sqrt{\frac{50}{100}} = 69 \pm 1.39$$

이므로 μ의 95% 신뢰구간은 $(67.61 \sim 70.39)$이 된다.

○ 연습예제 3.11-1

[연습예제 3.6]의 30개 병실이 있는 병원 예제에서 환자의 모평균에 대한 95% 신뢰구간을 구하여라.

○ 연습예제 3.11-2

어느 소도시에서 100가구 중 20가구를 추출하여 한 달 수입에서 통신비의 평균 지출이 150,000원이고 분산이 500,000이라는 사실을 조사하였다. 한 달 수입에서 통신비가 정규분포를 한다고 가정하고 모집단 평균의 95% 신뢰구간을 구하여라.

3.4.2 모총계 τ에 대한 신뢰구간

모총계 τ에 대한 신뢰구간은 다음과 같다.

비복원의 경우의 신뢰구간

$$\hat{\tau} \pm z\sqrt{N^2 \frac{N-n}{N} \frac{S^2}{n}}$$

복원의 경우의 신뢰구간

$$\hat{\tau} \pm z\sqrt{N^2 \frac{S^2}{n}}$$

그러나 모평균에서와 동일하게 대부분 모분산을 알지 못하므로 모분산 대신에 표본분산을 사용하여 모총계 τ에 대한 추정 신뢰구간은 다음과 같다.

비복원의 경우 추정의 신뢰구간

$$\hat{\tau} \pm z\sqrt{N^2 \frac{N-n}{N} \frac{s^2}{n}}$$

복원의 경우 추정의 신뢰구간

$$\hat{\tau} \pm z\sqrt{N^2 \frac{s^2}{n}}$$

예제 3.12

지방 어느 지역의 가구가 150세대가 거주하고 있다. 이 전체 가구의 거주하는 거주민 수를 단순임의추출법을 통해 추정하고자 한다. 총 150가구 중 20가구를 추출하여 가구당 거주민 수를 조사하였더니 가구당 평균 $\overline{y} = 2.7$명이었다. 또한 표본분산은 $s^2 = 1.4$이었다. 지역에 거주하는 총 거주민 수를 추정하고 그 95% 신뢰구간을 구하여라.

풀이 먼저 총 거주민 수의 추정값을 구하면 $\hat{\tau} = N\bar{y}$ 에서 총 가구의 수 $N = 150$ 이므로 $\hat{\tau} = N\bar{y} = 150 \times 2.7 = 405$(명)이 된다.

한편 총 거주민 수의 분산의 추정량은,

$$\hat{V}(\hat{\tau}) = N^2 \frac{(N-n)}{N} \frac{s^2}{n} = 150^2 \times \frac{150-20}{150} \frac{1.4}{20} = 1,365$$

이다.

따라서 총 거주민 수의 95% 신뢰구간은 앞의 식을 이용하면

$$\hat{\tau} \pm z\sqrt{\hat{V}(\hat{\tau})} \Leftrightarrow 405 \pm 1.96 \times \sqrt{1,365} = 405 \pm 1.96 \times 36.95$$

이므로 $(332.59 \sim 477.41)$이 된다.

연습예제 3.12

어느 지역의 연구단지에 50개의 기업이 상주하고 있다. 이 상주기업 중 10개 기업을 단순임의추출법을 통해 추출하여 연구단지의 총 연구원 수 추정하고자 한다. 총 10개 기업을 추출하여 기업당 연구원 수를 조사하였더니 기업당 평균 $\bar{y} = 17.3$명이었다. 또한 표본분산은 $s^2 = 4.3$이었다. 연구단지에 거주하는 총 연구원 수를 추정하고 그 95% 신뢰구간을 구하여라.

3.4.3 모비율 p에 대한 신뢰구간

모비율 p에 대한 신뢰구간의 경우 모평균 신뢰구간의 수식을 사용하면 된다.

비복원의 경우 신뢰구간

$$\hat{p} \pm z\sqrt{\frac{N-n}{N}\frac{S^2}{n}} = \hat{p} \pm z\sqrt{\frac{N-n}{N-1}\frac{pq}{n}}$$

앞에서와 동일하게 모평균, 모총계처럼 모분산을 알 수 없으므로 모비율의 분산도 알 수가 없기 때문에 추정을 해야 한다. 식에서 $S^2 = \frac{N}{N-1}pq$, S^2의 추정치는 $s^2 = \frac{n}{n-1}\hat{p}\hat{q}$이다. 따라서 비복원의 추정 신뢰구간은 다음과 같다.

비복원의 경우는 추정 신뢰구간은 다음과 같다.

$$\hat{p} \pm z\sqrt{\frac{N-n}{N}\frac{\hat{p}\hat{q}}{n-1}}$$

한편 복원의 경우에 신뢰구간은 다음과 같다.

$$\hat{p} \pm z\sqrt{\frac{N-1}{N}\frac{S^2}{n}} = \hat{p} \pm z\sqrt{\frac{pq}{n}}$$

따라서 복원의 경우의 추정 신뢰구간은 다음과 같다.

$$\hat{p} \pm z\sqrt{\frac{N-1}{N}\frac{s^2}{n}} = \hat{p} \pm z\sqrt{\frac{N-1}{N}\frac{\hat{p}\hat{q}}{n-1}}$$

$$\fallingdotseq \hat{p} \pm z\sqrt{\frac{\hat{p}\hat{q}}{n-1}}$$

일반적으로 과거자료나 표본을 통해 p를 추정하나 그 정보조차이용이 불가능할 경우에는 비율의 분산을 최대로 하는 비율 추정치로 $\hat{p} = 0.5$를 사용한다. 여론조사의 최대허용오차를 계산할 때 이 방법을 사용한다.

예제 3.13

어떤 시에서 한 개 이상의 TV를 갖고 있는 가정의 비율을 추정하고자 한다. $N = 8{,}000$가정이 있는데 $n = 101$가정을 임의로 뽑아 $\hat{p} = 0.6$을 얻었다. p에 대한 비복원의 경우에 95%의 신뢰구간을 구하여라.

풀이

$$\hat{p} \pm z_{\alpha/2}\sqrt{\hat{V}(\hat{p})} = \hat{p} \pm z_{\alpha/2}\sqrt{\frac{N-n}{N}\frac{\hat{p}\hat{q}}{n-1}}$$

$$\hat{V}(\hat{p}) = \frac{8{,}000-101}{8{,}000}\frac{0.6\times 0.4}{101-1} = 0.0024$$

따라서

$$\sqrt{\hat{V}(\hat{p})} = \sqrt{0.0023697} = 0.049$$

이다.

그러므로 모비율에 대한 신뢰구간은 다음과 같다.

$$0.6 - 1.96(0.049) \le p \le 0.6 + 1.96(0.049) \Rightarrow (0.5046\,0.6954)$$

이다.

연습예제 3.13-1

국내에 200개 대학이 있다고 하자. 여기서 20여 개 대학을 비복원으로 추출하여 조사한 결과 12개 대학이 새로운 입시제도에 찬성하였다고 할 때 찬성하는 대학 수에 대한 95% 신뢰구간을 구하여라.

연습예제 3.13-2

어느 대학교 학생 5,000명 중 200명을 단순임의추출로 뽑아 어떤 국가 정책에 관한 찬반 투표를 하였다.

	찬성	반대	합계
여학생	27	2	29
남학생	142	29	171

정책에 찬성하는 학생들의 비복원의 경우에 95% 신뢰구간을 구하여라.

3.5 | 표본의 크기 결정

실제로 표본조사를 할 때 모집단에서 표본을 얼마나 뽑을 것인가 하는 문제에 부딪치게 된다. 이 문제를 간단하지가 않다. 표본을 많이 뽑을 경우에는 모집단의 실제값과 표본에 의한 추정치와의 차이는 줄어들지만 비용과 시간이 많이 들고 표본을 적게 뽑게 되는 경우에는 그 반대가 된다. 따라서 실제값과 추정치의 오차의 한계를 정하고 이 오차를 초과하게 될 값을 최소로 하는 확률 α를 정했을 때(이를 반대로 신뢰도로 표현하면 $1-\alpha$가 된다.) 다음과 같은 경우의 n을 정하는 것이 표본의 크기를 결정하는 방법이 된다. 정리하면 표본의 크기를 정하는 순서는 다음과 같다.

1. 먼저 표본의 최대허용오차를 정한다. 이를 오차의 한계, 목표정도라고도 하는데 앞으로 최대허용오차라는 용어를 주로 사용하겠다. 최대허용오차의 기준은 두 가지가 있

다. 절대오차 $d=|\hat{\theta}-\theta|$를 이용하는 방법이 있고 다음으로 상대오차 $d_0=\frac{|\hat{\theta}-\theta|}{\theta}$, 즉 변이계수를 이용한 표본의 크기를 구하는 방법이 있다.

2. 다음으로 신뢰구간 식을 이용한 기준에 따른 구하고자 하는 표본크기와 최대허용오차, 최소 확률, 신뢰도 $1-\alpha$가 포함된 수식을 만들고
3. 기준식에서 표본의 크기 n을 구하면 된다.

3.5.1 절대오차를 이용한 표본의 크기 결정

허용오차 $d=|\hat{\theta}-\theta|$를 사용한다면 기준은 다음과 같다.

$$P(|\hat{\theta}-\theta|>d)<\alpha$$

여기서 θ는 모수(모평균, 모총계, 모비율)이고 $\hat{\theta}$는 통계량(표본평균, 표본총계, 표본비율)이다. 만일 $\hat{\theta}$이 θ의 불편추정치이고 정규분포를 한다면 다음 값은 표준정규분포를 한다.

$$\frac{\hat{\theta}-\theta}{\sqrt{V(\hat{\theta})}}$$

따라서

$$P\left(\frac{|\hat{\theta}-\theta|}{\sqrt{V(\hat{\theta})}} < z\right)=P\left(|\hat{\theta}-\theta| < z\sqrt{V(\hat{\theta})}\right)=1-\alpha$$

여기서 z는 정규분포에서의 신뢰계수이다. 추정량 $\hat{\theta}$의 분산은 표본의 크기 n이 증가하면 감소하므로 $z\sqrt{V(\hat{\theta})}\le d$를 만족하는 가장 큰 n을 선택하면 위의 부등식에 만족하게 된다.

3.5.1.1 평균추정에 필요한 표본의 크기 결정

허용오차, 신뢰계수, 표준오차간의 관계

$$d^2=[z\sqrt{V(\overline{y})}]^2=z^2V(\overline{y})=z^2\sigma_{\overline{y}}^2$$

$$\sigma_{\bar{y}}^2 = \begin{cases} \dfrac{N-n}{N}\dfrac{S^2}{n} & \text{비복원} \\ \\ \dfrac{N-1}{N}\dfrac{S^2}{n} \fallingdotseq \dfrac{S^2}{n} & \text{복원} \end{cases}$$

식을 대입하여 n에 관하여 풀면 다음과 같다.

비복원의 경우

$$d^2 = z^2\,\frac{N-n}{N}\frac{S^2}{n}$$

$$n = \frac{N\,(zS)^2}{Nd^2 + (z\,S)^2}$$

복원의 경우

$$d^2 = z^2\,\frac{S^2}{n}$$

$$n_0 = \left(\frac{zS}{d}\right)^2$$

비복원과 복원과의 관계

$$n = \frac{n_0}{1 + n_0\,/\,N}$$

• 예제 3.14

대학생 5,000명이 있다. 과거의 경험으로 대학생들의 체중의 분산이 $s^2 = 300(kg)^2$임을 알고 있다. 만일 대학생들의 평균체중을 신뢰도 95%로서 허용오차를 $\pm 3kg$ 내에 있게 추정하려면 몇 명의 대학생들을 표본으로 추출해야 하나?

풀이 $z = 1.96,\ s^2 = 300,\ d = 3$이므로, 복원일 경우

$$n_0 = \frac{(zs)^2}{d^2} = (1.96)^2\frac{300}{9} = 128.1 \fallingdotseq 129$$

명이다. 따라서 대학생들의 평균체중을 신뢰도 95%로서 오차의 한계 $\pm 3kg$

편차 내에 있게 추정하려 129명을 표본으로 추출해야 하며 모집단이 $N=5,000$이라고 주어진 경우에는 비복원으로 계산 가능하므로 다음과 같은 계산에 의해 125명을 추출해야 한다.

$$n = \frac{N(zs)^2}{Nd^2+(zs)^2} = \frac{5000 \times 1.96^2 \times 300}{5000 \times 9 + 1.96^2 \times 300} = 124.856 \fallingdotseq 125$$

연습예제 3.14

대학생 5,000명이 있다. 지난해 조사에서 대학생들의 용돈 분산이 $s^2 = 500,000$(원)^{2}으로 조사되었다. 만일 신뢰도를 95%하고 대학생들의 용돈의 평균 허용오차를 ±200원 내에 있게 추정하려면 몇 명의 대학생들을 표본으로 추출해야 하나? 복원과 비복원 모두를 구하여라.

3.5.1.2 총계추정에 필요한 표본의 크기 결정

총계추정에 필요한 표본의 크기 결정은 평균의 분산에 모집단의 크기를 제곱한 것과 같으므로 평균추정에 필요한 표본의 크기의 연장이다.

$$d^2 = [z\sqrt{V(\hat{\tau})}]^2 = z^2 V(\hat{\tau}) = z^2 \sigma_{\hat{\tau}}^2$$

$$\sigma_{\hat{\tau}}^2 = \begin{cases} N^2 \dfrac{N-n}{N} \dfrac{S^2}{n} & \text{비복원} \\[2ex] N^2 \dfrac{N-1}{N} \dfrac{S^2}{n} \fallingdotseq N^2 \dfrac{S^2}{n} & \text{복원} \end{cases}$$

위 식에서

비복원의 경우

$$d^2 = z^2 N^2 \frac{N-n}{N} \frac{S^2}{n}$$

$$n = \frac{N^2(zS)^2}{d^2 + N(zS)^2}$$

복원의 경우

$$d^2 = z^2 N^2 \frac{S^2}{n}$$

$$n_0 = \frac{N^2 (zS)^2}{d^2}$$

복원과 비복원과의 관계

$$n = \frac{n_0}{1 + n_0 / N}$$

예제 3.15

재학생이 1,000명인 대학에서 대학생이 소비하는 하루 총 우유 소비량을 추정하기 위하여 신뢰도 95%하에서 허용오차가 $\pm 500ml$ 정도 되도록 할 경우 대학생들을 얼마나 추출해야 하나? (과거의 경험으로 대학생들의 우유 소비량의 분산이 $15\,(ml)^2$임을 알고 있다 하자.)

풀이 복원인 경우

$$n_0 = \frac{N^2(zs)^2}{d^2} = \frac{1000^2 \times 1.96^2 \times 15}{500^2} = 230.5 \fallingdotseq 231$$

비복원인 경우

$$n = \frac{n_0}{1 + n_0 / N} = \frac{230.5}{1 + \frac{230.5}{1000}} = 187.32 \fallingdotseq 188$$

연습예제 3.15-1

이번도 재학생이 5,000명인 대학에서 대학생이 하루에 술값에 소비하는 총액을 추정하기 위하여 신뢰도 95%하에서 허용오차가 $\pm 100,000$원 정도 되도록 할 경우 대학생들을 얼마나 추출해야 하는가? (작년에 조사한 결과 대학생들의 하루에 술값에 소비하는 총 금액의 분산이 $100,000(\text{원})^2$임을 알고 있다 하자.)

연습예제 3.15-2

닭을 키우는 양계장 농장의 주인은 $N = 1,500$마리의 닭에게 새로운 사료를 먹였을 때 한 달 동안에 증가하는 닭의 총 몸무게를 추정하고자 한다. 따라서 비복원추출로

$n=25$마리의 닭을 단순임의로 추출하여 체중을 추정하였다. 표본으로부터 $s^2=45(g)^2$을 구하였다. 95% 신뢰구간하에서 오차한계가 $\pm 2{,}000g$이 되도록 총 몸무게를 추정할 때 필요한 표본크기는 얼마가 되겠는가?

3.5.1.3 비율추정에 필요한 표본의 크기 결정

비율추정에 필요한 표본의 크기 결정은 평균의 분산을 이용하여 얻을 수 있다.

$$d^2 = [z\sqrt{V(\hat{p})}]^2 = z^2\sigma_{\hat{p}}^2$$

$$V(\hat{p}) = \sigma_{\hat{p}}^2 = \begin{cases} \dfrac{N-n}{N-1}\dfrac{pq}{n} \fallingdotseq \dfrac{N-n}{N}\dfrac{pq}{n} & \text{비복원} \\ \\ \dfrac{pq}{n} & \text{복원} \end{cases}$$

그러나 모비율을 모르기 때문에 다음과 같이 표본비율을 이용하여 분산을 추정하게 된다.

$$\hat{V}(\hat{p}) = \hat{\sigma}_{\hat{p}}^2 = \begin{cases} \dfrac{N-n}{N}\dfrac{\hat{p}\hat{q}}{n-1} \fallingdotseq \dfrac{N-n}{N}\dfrac{\hat{p}\hat{q}}{n} & \text{비복원} \\ \\ \dfrac{N-1}{N}\dfrac{\hat{p}\hat{q}}{n-1} \fallingdotseq \dfrac{\hat{p}\hat{q}}{n} & \text{복원} \end{cases}$$

위 식에서

비복원의 경우

$$d^2 = z^2\frac{N-n}{N}\frac{\hat{p}\hat{q}}{n}$$

$$n = \frac{Nz^2\hat{p}\hat{q}}{Nd^2 + z^2\hat{p}\hat{q}}$$

복원의 경우

$$d^2 = z^2\frac{\hat{p}\hat{q}}{n}$$

$$n_0 = \frac{z^2\hat{p}\hat{q}}{d^2}$$

복원과 비복원과의 관계

$$n = \frac{n_0}{1 + n_0 / N}$$

• 예제 3.16

어느 대학에 학생 정원이 5,000명인 대학이 있다 하자. 이 대학 전체의 안경을 낀 학생의 비율을 추정하고자 한다. 임의로 학생 100명을 뽑아 조사한 결과 60명이 안경을 낀 학생이었다. 이 대학의 안경 낀 사람의 비율을 95%의 신뢰도 하에서 오차의 한계가 0.05 이내가 되게 추정하려고 한다면 표본의 크기를 얼마로 해야 하는가?

풀이 예비표본의 결과를 이용하여 안경을 낀 사람의 비율을 추정하면

$$\hat{p} = \frac{60}{100} = 0.6$$

이 된다.

95%에서 신뢰계수가 $z = 1.96$이므로 다음과 같이 구해진다.

복원인 경우

$$n_0 = \frac{1.96^2 \times \hat{p}\hat{q}}{d^2} = \frac{1.96^2 \times 0.6 \times 0.4}{0.05^2} = 368.79 \fallingdotseq 369$$

비복원인 경우

$$n = \frac{n_0}{1 + \frac{n_0}{N}} = \frac{369}{1 + \frac{369}{5000}} = 343.46 \fallingdotseq 344$$

가 된다.

○ 연습예제 3.16

한 대학교 총 정원이 5,000명인 대학이 있다 하자. 이 대학에서 흡연비율을 조사하기 위해 임의로 200명을 뽑아 조사한 결과 78명이 흡연자로 알려져 있다. 흡연자 비율을 95%의 신뢰도하에서 오차의 한계가 0.05 이내가 되게 추정하려고 한다면 표본의 크기를 얼마로 해야 하는가?

3.5.1.4 요구분산을 이용한 표본의 크기

일반적으로 허용오차와 정규분포의 계수, 평균의 분산과의 관계는 다음과 같다고 하였다.

$$d = z\sqrt{V(\overline{y}\ )}$$

이를 분산에 관하여 풀면 다음과 같은 식이 성립한다.

$$D = V(\overline{y}) = \left(\frac{d}{z}\right)^2$$

여기서 95%이면 $z = 1.96$이므로 다시 표현하면 허용오차가 주어졌다는 말은 평균의 분산이 주어졌다는 말과 같은 의미로 쓰인다. 예를 들어 신뢰구간 95%하에서 허용오차를 만일 2로 제약하는 경우는 평균의 분산을 $1(D \approx 1)$로 제약하는 경우와 같다. 이와 같이 D를 요구분산이라고도 한다.

$$D = V(\overline{y}) = \left(\frac{2}{1.96}\right)^2 \approx 1$$

따라서 많은 교과서의 경우에 허용오차를 주어지기도 하지만 평균의 분산에 제약을 가하기도 한다. 이를 비복원의 경우 평균추정, 총계추정, 비율추정에 필요한 식으로 고쳐 쓰면 다음과 같다.

평균을 추정하기 위한 표본의 크기

$$n = \frac{NS^2}{ND + S^2},\ D = \left(\frac{d}{z}\right)^2$$

총계를 추정하기 위한 표본의 크기

$$n = \frac{NS^2}{ND + S^2},\ D = \left(\frac{d}{zN}\right)^2$$

비율을 추정하기 위한 표본의 크기

$$n = \frac{Npq}{ND+pq},\ D=\left(\frac{d}{z}\right)^2$$

3.5.2 상대오차를 이용한 표본의 크기 결정

때에 따라서는 상대오차$\left(d_0 = \frac{|\hat{\theta}-\theta|}{\theta}\right)$를 기준으로 이용할 경우가 있는데 이는 절대오차에 모수를 나눈 것을 말한다. 상대오차를 사용한다면 변이계수를 사용하게 된다. 변이계수는 모수의 표준편차에 모수를 나눈 것을 말한다. 가장 간단한 것으로 표준편차에 평균을 나눈 것이 변이계수가 된다.

$$P(|\hat{\theta}-\theta| \le z\sqrt{V(\hat{\theta})}) = 1-\alpha$$

$$P\left(\frac{|\hat{\theta}-\theta|}{\theta} \le \frac{z\sqrt{V(\hat{\theta})}}{\theta}\right) = 1-\alpha$$

$$P\left(d_0 \le \frac{z\sigma_{\hat{\theta}}}{\theta}\right) = 1-\alpha$$

$$C = \frac{\sigma}{\mu}$$

2.4절에서 언급했지만 평균의 변이계수와 총계의 변이계수는 변이계수에 표본크기의 제곱근을 나눈 것과 같다. 즉

$$C_{\bar{y}} = \sqrt{C_{\bar{y}}^2} = \sqrt{\frac{\sigma_{\bar{y}}^2}{\mu^2}} = \frac{\sigma}{n\mu} = \frac{C}{\sqrt{n}},$$

$$C_{\hat{\tau}} = \sqrt{C_{\hat{\tau}}^2} = \sqrt{\frac{\sigma_{\hat{\tau}}^2}{\tau^2}} = \sqrt{\frac{N^2\sigma_{\bar{y}}^2}{N^2\mu^2}} = \frac{\sigma}{n\mu} = \frac{C}{\sqrt{n}}$$

3.5.2.1 평균 추정에 필요한 표본의 크기 결정

$$P(|\bar{y}-\mu| \le z\sqrt{V(\bar{y})}) = 1-\alpha$$

$$P\left(\frac{|\bar{y}-\mu|}{\mu} \le z\sqrt{C_{\bar{y}}^2}\right) = 1-\alpha$$

따라서 주어진 오차한계 d_o $(= \dfrac{|\bar{y} - \mu|}{\mu})$에 대해서 다음 식을 얻을 수 있다.

$$d_0 = z\sqrt{C_{\bar{y}}^2}$$

비복원의 경우

$$C_{\bar{y}}^2 = \frac{\sigma_{\bar{y}}^2}{\mu^2} = \frac{1}{\mu^2}\frac{N-n}{N}\frac{S^2}{n} = \frac{N-n}{N}\frac{C^2}{n}$$

$$d_0 = z\sqrt{C_{\bar{y}}^2} = z\sqrt{\frac{N-n}{N}\frac{C^2}{n}}$$

복원의 경우

$$C_{\bar{y}}^2 = \frac{C^2}{n}$$

$$d_0 = z\sqrt{C_{\bar{y}}^2} = z\sqrt{\frac{C^2}{n}}$$

표본의 크기는 위의 식을 n에 대해 푼다면 다음과 같이 얻을 수 있다. 즉,

비복원의 경우

$$n = \frac{N(zC)^2}{N(d_0)^2 + (zC)^2} = \left(\frac{1}{\left(\dfrac{d_0}{ZC}\right)^2 + \dfrac{1}{N}}\right)$$

복원의 경우

$$n_0 = \frac{(zC)^2}{(d_0)^2}$$

예제 3.17

어떤 시에 1,500가구가 있다. 가구별 1주간 달걀소비량의 평균개수를 추정하기 위하여 표본의 크기를 알고자 한다. 가구당 평균 25개의 달걀을 소비하고 표준편차는 11개라 알려져 있다 하자. 또 비복원의 경우로 95%에서 상대오차는 평균의 5%를 넘지 않게 하려 할 때 표본의 크기는 얼마가 적절한가?

풀이 $\bar{y}=25,\ s=11$이므로, $C=\dfrac{s}{\bar{y}}=\dfrac{11}{25}$이다.

따라서 취해야 할 표본의 가구 수는 다음과 같이 계산된다.

$$n=\frac{N(zC)^2}{N(d_0)^2+(zC)^2}=\frac{1500\times\left(1.96\times\dfrac{11}{25}\right)^2}{1500\times 0.05^2+\left(1.96\times\dfrac{11}{25}\right)^2}=248.3$$

따라서 249가구를 추출하여야 한다.

○ 연습예제 3.17

어떤 지역에 500가구가 있다. 30여 가구를 단순임의로 예비추출하여 가구당 교육비를 조사한 결과 평균 320,000원에 표준편차는 100,000원이었다. 정확한 평균 교육비를 추정하기 위하여 정확한 표본의 크기를 알고자 한다. 따라서 95%에서 상대오차는 평균의 5%가 넘지 않게 하려 할 경우 표본의 크기는 얼마가 적절한가?

3.5.2.2 총계 추정에 필요한 표본의 크기 결정

$$d_0=\frac{\hat{\tau}-\tau}{\tau}$$

$$P(|\hat{\tau}-\tau|\le z\sqrt{V(\hat{\tau})})=1-\alpha$$

$$P\left(\frac{|\hat{\tau}-\tau|}{\tau}\le z\sqrt{C_{\hat{\tau}}^2}\right)=1-\alpha$$

주어진 오차한계 d_o $(=\dfrac{|\hat{\tau}-\tau|}{\tau})$에 대해서 다음 식을 얻을 수 있다.

$$d_0=z\sqrt{C_{\hat{\tau}}^2}$$

비복원의 경우

$$C_{\hat{\tau}}^2=\frac{\sigma_{\hat{\tau}}^2}{\tau^2}=\frac{N^2}{\tau^2}\frac{N-n}{N}\frac{S^2}{n}=\frac{N-n}{N}\frac{C^2}{n}$$

$$d_0=z\sqrt{C_{\hat{\tau}}^2}=z\sqrt{\frac{N-n}{N}\frac{C^2}{n}}$$

복원의 경우

$$C_{\hat{\tau}}^2 = \frac{C^2}{n}$$

$$d_0 = z\sqrt{C_{\hat{\tau}}^2} = z\sqrt{\frac{C^2}{n}}$$

표본의 크기는 위의 식을 n에 대해 풀어서 다음과 같이 얻을 수 있다. 이는 식 평균에서와 동일한 결과를 얻게 된다. 이는 총계 추정량의 변이계수가 평균 추정량의 변이계수와 동일한 결과를 얻기 때문이다.

비복원의 경우

$$n = \frac{N(zC)^2}{N(d_0)^2 + (zC)^2} = \left(\frac{1}{\left(\frac{d_0}{ZC}\right)^2 + \frac{1}{N}}\right)$$

복원의 경우

$$n_0 = \frac{(z\,C)^2}{(d_0)^2}$$

예제 3.18

[예제 3.17]에서 1,500가구의 총 달걀소비량의 개수를 추정하고자 한다. 정도는 ±5% 이내로 하고 신뢰구간을 95%로 할 때 표본의 크기를 구하여라.

풀이 $C = \frac{11}{25}, \ z = 1.96, N = 1500, \ d_0 = 0.05$

이므로,

$$n = \frac{N(zC)^2}{N(d_0)^2 + (zC)^2} = \frac{1500 \times \left(1.96 \times \frac{11}{25}\right)^2}{1500 \times 0.05^2 + \left(1.96 \times \frac{11}{25}\right)^2} = 248.3$$

로서 [예제 3.17]에서의 결과와 같다.

연습예제 3.18

[연습예제 3.17]에서 동일한 결과를 갖고 정확한 총 교육비를 추정하기 위하여 정확한 표본의 크기를 알고자 한다. 따라서 95%에서 상대오차는 총계의 5%가 넘지 않게 하려 할 경우 표본의 크기는 얼마가 적절한가?

3.6 | SAS에서 단순임의추출

표본추출을 하는 프로그램과 추출된 표본을 계산하는 프로그램 2개로 시행된다. 간단이 여기서는 2개의 프러시저(procedure) PROC SURVEYSELECT와 PROC SURVEYMEANS를 언급하기로 한다. 두 프러시저에 대한 설명은 다음과 같다.

3.6.1 SAS 프로그램

1. PROC SURVEYSELECT

```
PROC SURVEYSELECT <options>;
      STRATA variables ;
      CONTROL variables ;
      SIZE variable ;
      ID variables ;
Run;
```

2. PROC SURVEYMEANS

```
PROC SURVEYMEANS <options> ;
       BY variables ;
       CLASS variables ;
       CLUSTER variables ;
       STRATA variables ;
       DOMAIN variables;
       VAR variables ;
       WEIGHT variable ;
Run;
```

3.6.2 예제

어느 도시에 교육에 관한 인식조사를 통하여 얻은 998명 중 단순임의추출을 통해 20명 또는 2%를 추출하는 과정

변수설명

code: 지역(1-16)

fage: 아버지의 나이(1:20대 2:30대 3:40대 4:50대 이상)

fedu: 아버지의 교육수준(1:초등학교졸 2:중학교졸 3:고등학교졸 4: 대학교졸 5: 대학원이상졸)

csex: 학생의 성별(0:남학생, 1:여학생)

v1: 만족도(1:매우불만 2:불만 3:보통 4:만족 5:매우만족)

v2: 만족도 (1:매우불만 2:불만 3:보통 4:만족 5:매우만족)

프로그램

```
data srs;
input id     code    fage    fedu    csex    v1     v2;
cards;
1.00         1.00    3.00    5.00    1.00    4.00    3.00
2.00         1.00    3.00    5.00    1.00    3.00    3.00
3.00         1.00    3.00    4.00    0.00    4.00    3.00
4.00         1.00    2.00    4.00    0.00    3.00    3.00
.
.
.
.
993.00       16.00   2.00    5.00    1.00    4.00    4.00
994.00       16.00   3.00    5.00    0.00    4.00    3.00
995.00       16.00   3.00    5.00    1.00    3.00    3.00
997.00       16.00   2.00    5.00    1.00    4.00    2.00
998.00       16.00   3.00    5.00    1.00    4.00    3.00

;
```

```
proc freq;
table code fage fedu csex;
Title 빈도;

proc means;
var v1 v2;
Title 평균(v1 v2);

proc surveyselect
method=srs n=20 seed=1000 out=srsout1;
Title 단순임의추출에 의한 표본;
proc print;

proc surveymeans data=srsout1;
Title 단순임의추출에 의한 표본의 결과값;
run;
```

3.6.3 SAS 결과

FREQ 프러시저

code	빈도	백분율	누적빈도	누적백분율
1	63	7.80	63	7.80
2	48	5.94	111	13.74
3	53	6.56	164	20.30
4	55	6.81	219	27.10
5	43	5.32	262	32.43
6	51	6.31	313	38.74
7	48	5.94	361	44.68
8	47	5.82	408	50.50
9	58	7.18	466	57.67
10	53	6.56	519	64.23
11	50	6.19	569	70.42
12	61	7.55	630	77.97
13	61	7.55	691	85.52
14	47	5.82	738	91.34
15	41	5.07	779	96.41
16	29	3.59	808	100.00

fage	빈도	백분율	누적빈도	누적백분율
1	1	0.12	1	0.12
2	247	30.57	248	30.69
3	533	65.97	781	96.66
4	27	3.34	808	100.00

fedu	빈도	백분율	누적빈도	누적백분율
1	4	0.50	4	0.50
2	6	0.74	10	1.24
3	297	36.76	307	38.00
4	183	22.65	490	60.64
5	264	32.67	754	93.32
6	54	6.68	808	100.00

csex	빈도	백분율	누적빈도	누적백분율
0	416	51.49	416	51.49
1	392	48.51	808	100.00

MEANS 프러시저

변수	N	평균값	표준편차	최소값	최대값
v1	808	3.3168317	0.4989345	2.0000000	4.0000000
v2	808	2.9653465	0.4239276	1.0000000	4.0000000

SURVEYSELECT 프러시저

Selection Method	Simple Random Sampling

Input Data Set	KIM
Random Number Seed	1000
Sample Size	20
Selection Probability	0.024752
Sampling Weight	40.4
Output Data Set	SRSOUT1

단순임의추출로 추출된 표본의 결과

OBS	id	code	fage	fedu	csex	v1	v2
1	22	1	3	4	1	3	3
2	79	2	3	3	1	4	3
3	185	3	3	4	1	4	4
4	193	3	3	3	0	4	4
5	272	5	3	4	0	3	3
6	319	5	3	3	1	3	3
7	396	7	3	6	0	4	2
8	515	9	3	3	0	4	3
9	569	9	3	6	1	4	3
10	596	10	3	4	1	4	2
11	613	10	3	5	0	4	3
12	685	11	3	4	0	4	2
13	768	12	3	3	1	3	3
14	785	13	3	3	1	4	4
15	808	13	2	5	0	3	3
16	853	14	2	4	0	3	4
17	927	15	3	5	1	3	3
18	941	15	3	3	0	2	3
19	965	15	3	5	0	3	3
20	990	16	3	6	0	3	3

SURVEYMEANS 프러시저

Data Summary	
Number of Observations	20

Variable	N	Mean	Std Error of Mean	95% CL for Mean	
id	20	574.05	69.810	427.934	720.16557
code	20	9.4000	1.0843	7.1304	11.669
fage	20	2.900	0.0688	2.7559	3.044
fedu	20	4.150	0.2436	3.6401	4.659
csex	20	0.450	0.1141	0.2111	0.688
v1	20	3.450	0.1352	3.1669	3.733
v2	20	3.050	0.1352	2.7669	3.333

3.7 | SPSS에서 단순임의추출

SPSS 메뉴 → 데이터 → 케이스 선택 → 케이스의 무작위 표본 추출

단순임의추출로 추출된 표본의 결과

파일(F) 편집(E) 보기(V) 데이터(D) 변환(T) 분석(A) 다이렉트 마

	obs	id	code	fage	fedu	csex	v1	c2	변수
1	55	59	1	3	5	0	3	2	
2	168	207	4	3	3	1	3	4	
3	173	212	4	3	5	1	3	2	
4	223	275	5	3	2	0	3	3	
5	303	378	6	4	4	0	3	3	
6	367	462	8	2	4	0	3	3	
7	371	466	8	2	3	1	3	2	
8	375	471	8	3	5	1	3	3	
9	487	606	10	2	3	1	3	3	
10	513	636	10	3	5	1	4	3	
11	533	662	11	2	4	1	3	3	
12	546	678	11	3	3	1	3	2	
13	592	736	12	3	4	0	3	3	
14	652	807	13	3	3	0	3	3	
15	653	808	13	2	5	0	3	3	
16	680	836	13	3	3	0	3	3	
17	696	852	14	3	4	1	3	2	
18	718	885	14	2	4	0	3	3	
19	779	965	15	3	5	0	3	3	
20	784	970	16	3	4	1	4	3	

제4장

층화임의추출

4.1 | 층화임의추출

층화임의추출(Stratified Random Sampling)은 모집단을 여러 개로 서로 중복되지 않게 층으로 나누어 부분집단, 층(stratum), 즉 층 내에서 단순임의추출로 표본을 추출하는 방법을 말한다. 이들 부분집단을 층이라 하고 층을 형성하는 과정을 층화(stratification)라 한다. 층화임의추출법의 가장 큰 장점은 모집단을 층화할 때 같은 층에 속하는 추출단위들이 동질적으로 되도록 추출단위를 분류함으로써 같은 층 내에서는 단위간의 변동이 작아져 작은 표본을 가지고 각 층의 평균을 보다 정확히 구할 수 있다는 데 있다. 따라서 단순임의추출보다 추정값의 정도(precision)를 높일 수가 있다. 다음과 같은 예를 들어 보자.

초·중·고등학교가 모여 있는 학교, 학원에서 학생들의 키의 평균을 조사한다고 하자. 이 경우 앞에서 언급한 단순임의추출을 통한 표본추출은 문제가 발생할 여지가 있다. 키라는 변수는 초·중·고등학생에 따라 크게 차이가 나는데, 단순임의추출을 통한 표본추출을 하면 어느 한 그룹의 학생들이 많이 추출될 수 있다. 즉 100명의 학생을 추출하는데 초·중학생들보다 고등학생들이 많이 추출되었을 경우 표본에 의한 전체적인 키의 평균을 실제 평균 보다 커지게 된다. 이런 경우 각각 초·중·고등학생별로 층을 나누어 따로따로 표본을 추출하면 단순임의추출보다 참값에 대한 오차가 줄어든다. 이런 층으로 모집단을 나누어 각 층별로 표본을 추출하는 방법을 층화임의추출법이라 한다.

4.2 | 추출방법

첫 단계는 모집단을 층으로 나누어야 한다. 물론 모든 모집단이 각 층에 포함되어야 하며 층간에는 중복되는 일이 없어야 한다. 또한 각 층에서의 표본은 단순임의추출법을 통해 추출되고 층에서 추출되는 표본은 독립이어야 한다. 즉, 한 층에서 추출되는 표본은 다른 층에서 추출되는 표본과는 독립이어야 한다. 층화임의추출의 장점은 다음과 같다.

(1) 추정의 정도를 높인다.

(2) 많은 경우 조사 실시 또는 관리 편의상 층화추출이 유리하다.

층화임의추출은 층으로 나누어져 있지 않는 것을 층화시키기도 하지만 주로 모집단이 층화되어 있다는 가정하에 시작을 한다. 그러나 일반적으로 앞서 전제가 없을 경우에 층화임의추출을 계획할 때는 보통은 다음 네 가지가 선행되어야 한다.

(1) 층화변수의 선택

층화변수란 층을 나누기 위한 변수선택을 의미한다. 어느 한 변수가 층간에 대해 동일하다면 층화의 의미가 없기 때문이다. 초등학생그룹, 중학생그룹, 고등학생그룹 세 그룹이 있다면 태어난 월의 변수나 가족 수의 변수는 세 그룹 간에 큰 차이가 없지만 키, 몸무게, 용돈 같은 변수는 그룹 간에 차이가 나므로 층화임의추출법의 층화변수로는 이 예에서는 키, 몸무게, 용돈이 적절하다.

(2) 모집단을 층화

모집단이 층으로 사전에 나뉘어 있다면 상관이 없지만 새로 층을 나눈다면 층별로 추출하는 방법이 층화임의추출방법이므로 층을 나눌 때는 층 내에는 비슷하게 즉 동질적으로, 층간에는 다르게 즉 이질적으로 층화하여야 한다.

(3) 층의 개수 선택을 결정

모집단의 층의 수가 정해져 있다면 그대로 이용해야 하지만 나누어야 할 경우에는 적절한 층의 수도 중요하다. 층이 많으면 층화 효과가 높아지는 것으로 알려져 있다. 그렇다고 층수를 무한히 증가시킬 수는 없다. 왜냐하면 층수를 증가시키면 어느 정도는 효율이 높아지는 것을 볼 수 있지만 어느 단계를 넘어서면 효율의 증가가 둔화되기 때문이다.

(4) (1), (2), (3)이 주어진 상황하에 각 층에서 취해야 할 표본

마지막으로 조사하고자 하는 층화변수가 결정되고, 모집단이 층으로 나뉘고 또 층의 개수가 정해진 상황에서 모집단에서 표본을 추출하게 될 경우 표본의 크기를 어느 정도로 할 것인가를 정하게 되고 또 각 층에서 표본을 얼마씩 뽑아야 할지도 결정해야 한다. 이에 대한 자세한 것들은 앞으로 언급하게 될 것이다. 예를 통해서 층화임의추출의 의미를 보도록 하자.

예제 4.1

다음은 어느 지역별 한 달 동안 읽는 책의 권 수이다. A도시에서 130가구 중 22가구를 B도시에서 154가구 중 24가구, C도시에서 99가구 중 17가구를 추출하여 나온 결과는 다음과 같다. 한 가구가 한 달 동안 읽는 평균 책의 권 수는 얼마인가?

A	B	C
2 3 4 3 6 4 2 3 4 3 4	4 5 3 3 4 5 6 4 5 4 3 4	6 5 7 8 6 5 4 6 5
3 4 2 6 4 3 4 5 6 4 3	2 5 6 4 5 6 7 5 4 6 5 6	6 5 6 7 6 5 5 6
$N_1 = 130$	$N_2 = 154$	$N_3 = 99$
$n_1 = 22$	$n_2 = 24$	$n_3 = 17$

풀이

$$\bar{y}_1 = 3.73,\ \bar{y}_2 = 4.63,\ \bar{y}_3 = 5.77$$

$$\bar{y}_{st} = \frac{1}{N}[N_1\bar{y}_1 + N_2\bar{y}_2 + N_3\bar{y}_3]$$

$$= \frac{1}{383}[(130)(3.73) + (154)(4.63) + (99)(5.77)]$$

$$= 4.63$$

따라서 전체 한 달에 읽는 책의 평균 권수는 4.63권이다.

연습예제 4.1

어느 축산업자는 사료에 따라 몸무게가 달라지는지 알아보기 위해 세 종류의 사료회사에서 공급되는 사료를 몇 개월간 먹이고 돼지의 몸무게를 측정하였다. 다음은 돼지의 사료를 먹인 3그룹의 몸무게라 하자. A사료를 먹인 73마리 중 12마리, B사료를 먹인 52마리 중 10마리, C사료를 먹인 67마리 중 15마리를 추출하여 조사한 결과는 다음과 같다 하자. 전체 돼지의 평균 몸무게는 얼마인가를 조사하여라.

A사료	B사료	C사료
111 121 90 122	89 99 98 101	110 110 121 103 104
112 98 101 110	101 102 98 110	101 108 110 120 121
99 89 102 110	102 101	122 128 105 109 122

4.3 | 모평균과 모총계의 추정

먼저 층화임의추출에서 사용되는 기호는 다음과 같이 정의하자.

N_h: h층 내에 있는 모집단에 있는 모집단의 수

n_h: h층 내에서 단순임의추출을 통해 추출된 표본의 수

y_{hj}: h번째 층에서 j번째 관찰치

μ_h : h층의 모평균

$\overline{y}_h$: h층의 표본평균

σ_h^2, S_h^2 : h층의 모분산

s^2: h층의 표본분산

이를 한눈에 볼 수 있도록 표로 정리하면 다음과 같이 쓸 수 있다.

모 집 단						표 본			
층	크기	특 성 치	평균	총합	분산	크기	특 성 치	평균	분산
1	N_1	$y_{11} \cdots y_{1j} \cdots y_{1N_1}$	μ_1	τ_1	σ_1^2	n_1	$y_{11} \cdots y_{1j} \cdots y_{1n_1}$	$\overline{y}_1$	s_1^2
2	N_2	$y_{21} \cdots y_{2j} \cdots y_{2N_2}$	μ_2	τ_2	σ_2^2	n_2	$y_{21} \cdots y_{2j} \cdots y_{2n_2}$	$\overline{y}_2$	s_2^2
⋮	⋮	⋮	⋮	⋮	⋮	⋮	⋮	⋮	⋮
h	N_h	$y_{h1} \cdots y_{hj} \cdots y_{hN_h}$	μ_h	τ_h	σ_h^2	n_h	$y_{h1} \cdots y_{hj} \cdots y_{hn_h}$	$\overline{y}_h$	s_h^2
⋮	⋮	⋮	⋮	⋮	⋮	⋮	⋮	⋮	⋮
L	N_L	$y_{L1} \cdots y_{Lj} \cdots y_{LN_L}$	μ_L	τ_L	σ_L^2	n_L	$y_{L1} \cdots y_{Lj} \cdots y_{\mathrm{Ln}_L}$	$\overline{y}_L$	s_L^2
	N		μ	τ	σ^2	n		$\overline{y}_{st}$	s^2

4.3.1 모평균(μ)과 모평균의 추정

각 층별로 모평균이 존재하는데 일반적으로 표현하기 위하여 h번째 층의 모평균은 다음과 같이 정의한다.

$$\mu_h = \frac{1}{N_h}\tau_h = \frac{1}{N_h}\sum_j^{N_h} y_{hj}$$

여기서 y_{hj}는 h번째 층에서 j번째 관찰치이다.

따라서 전체 모평균은 다음과 같다.

$$\mu = \frac{1}{N}\tau = \frac{1}{N}\sum_{h=1}^{L} N_h \mu_h$$

모평균과 마찬가지로 h번째 층의 표본평균($\bar{y}_h$) 다음과 같이 정의한다.

$$\bar{y}_h = \frac{1}{n_h}\sum_{j}^{n_h} y_{hj}$$

이는 h번째 층으로부터 크기 n_h인 표본의 표본평균이다.

모평균(μ)의 추정은 다음과 같다.

$$\hat{\mu} = \bar{y}_{st} = \frac{1}{N}\sum_{h}^{L} N_h \bar{y}_h$$

각 층의 표본평균 $\bar{y}_h$와 층화 표본평균 $\bar{y}_{st}$는 불편추정량이다. 여기서 첨자 st는 층화(stratified)를 나타내는 첨자이다.

$$E(\bar{y}_h) = \mu_h$$

$$E(\bar{y}_{st}) = \mu$$

예제 4.2

다음은 A학원의 초·중·고등학교들을 임의로 추출하여 전체 A학원의 용돈이 얼마인지를 조사한 결과이다. 초등학생 50명 중 8명, 중학생 40명 중 7명 고등학생 45명 중 7명을 추출했을 때 전체 평균을 추정하여라(단위 : 만원).

초등학생			중학생			고등학생		
5	5.5	4	7	6	7.3	9	10	7
8	5	5.1	6.5	8	7	9.8	9.5	8
5	7		9			9.8		

풀이

$$\sum_{j}^{8} y_{1j} = 5 + \cdots + 7 = 44.6,$$

$$\sum_{j}^{7} y_{2j} = 7 + \cdots + 9 = 50.8,$$

$$\sum_{j}^{7} y_{3j} = 9 + \cdots + 9.8 = 63.1$$

$$\bar{y}_1 = \frac{1}{8}\sum_{j}^{8} y_{1j} = 5.58,$$

$$\bar{y}_2 = \frac{1}{7}\sum_{j}^{7} y_{2j} = 7.26,$$

$$\bar{y}_3 = \frac{1}{7}\sum_{j}^{7} y_{3j} = 9.01,$$

$$\begin{aligned}\bar{y}_{st} &= \frac{1}{N}(N_1\bar{y}_1 + N_2\bar{y}_2 + N_3\bar{y}_3)\\ &= \frac{1}{135}(50\times 5.58 + 40\times 7.26 + 45\times 9.01)\\ &= 7.22\end{aligned}$$

4.3.2 모총계(τ)와 모총계의 추정

h 번째 층의 모집단 총계는 다음과 같이 정의한다.

$$\tau_h = \sum_{j}^{N_h} y_{hj}$$

따라서 전체 모집단 총계는 다음과 같다.

$$\tau = \sum_{h}^{L} \tau_h = \sum_{h}^{L}\sum_{j}^{N_h} y_{hj}$$

또한 h 번째 층의 모집단 총계의 추정은 다음과 같이 쓸 수 있다.

$$\hat{\tau}_h = N_h \bar{y}_h$$

모집단 총계의 추정

$$\hat{\tau}_{st} = \sum_{h}^{L} N_h \bar{y}_h$$

$$E(\hat{\tau}_{st}) = \tau$$

● 예제 4.3

[예제 4.1]에서 총 읽은 책의 권수는 얼마인가?

풀이 총 읽은 권수의 추정량은 모집단 총수에 층화 표본평균의 곱이다.

$$\hat{\tau}_{st} = N\overline{y}_{st} = 383(4.63) = 1,773.29$$

또 층화 총계추정에서

$$\begin{aligned}\hat{\tau}_{st} &= \sum_{h}^{L} N_h \overline{y}_h \\ &= [(130)(3.73) + (154)(4.65) + (99)(5.77)] \\ &= 1772.23\end{aligned}$$

총 읽은 책의 권수는 약 1,772권이다.

○ 연습예제 4.3

[연습예제 4.1 계속] 위의 돼지 몸무게 예에서 평균이 105.10 kg이 나왔다 총 3그룹의 돼지 총무게는 얼마인가?

4.3.3 모비율(p)과 모비율의 추정

모비율은 단순임의추출에서도 언급했듯이 평균의 공식과 동일하다. 단지 단위값이 0 아니면 1이다. 따라서 모비율은 다음과 같이 정의할 수 있다.

$$p = \frac{1}{N}\sum_{h=1}^{L} N_h p_h$$

여기서 $p_h = \frac{1}{N_h}\sum_{j=1}^{N_h} y_{hj}$이고 y_{hj}는 0 아니면 1이다.
이에 대한 추정치는 다음과 같다.

$$\hat{p}_{st} = \frac{1}{N}\sum_{h=1}^{L} N_h \hat{p}_h$$

여기서 $\hat{p}_h = \frac{1}{n_h}\sum_{j=1}^{n_h} y_{hj}$이고 y_{hj}는 0 아니면 1이다.

예제 4.4

3개의 대기업을 대상으로 흡연비율을 조사하고자 한다. 다음은 3개 대기업 중에 각각 100명씩으로 추출하여 흡연비율을 조사한 결과이다. 대기업 전체 흡연비율은 얼마로 추정할 수 있나?

대기업	N_h	n_h	흡연자
A	1,200	100	23
B	2,300	100	32
C	2,700	100	22

먼저 $\hat{p}_h = \frac{1}{n_h}\sum_{j=1}^{n_h} y_{hj}$를 구하면

$$p_1 = \frac{23}{100},\ p_2 = \frac{32}{100},\ p_3 = \frac{22}{100}$$

이므로

$$\begin{aligned}\hat{p}_{st} &= \frac{1}{N}\sum_{h=1}^{L} N_h \hat{p}_h \\ &= \frac{1}{(1200+2300+2700)}(1200\times 0.23 + 2300\times 0.32 + 2700\times 0.22) \\ &= \frac{1}{6200}1606 = 0.26\end{aligned}$$

대기업 전체 인원의 약 26%가 흡연자로 추정할 수 있다.

연습예제 4.4

어느 한 건물이 4층인데 여기서 학생들이 수업을 받고 있다 하자. 각 층에서 한 반씩을 추출하여(이를 단순집락추출이라 한다. 6장 참고) 층별로 안경 낀 학생들의 숫자를 조사하였더니 다음 표와 같이 나왔다. 이 학교 전체 학생의 안경 낀 비율을 추정하여라.

층	N_h	n_h	안경 낀 학생
1	269	34	17
2	298	42	22
3	278	35	14
4	273	34	19

4.4 | 모분산

먼저 h층에서의 모분산은 단순임의추출에서의 모분산과 동일하게 분모에 따라 다음과 같이 두 가지를 사용할 수 있다.

$$\sigma_h^2 = \frac{1}{N_h}\sum_{j}^{N_h}(y_{h\,j} - \mu_h)^2$$

$$S_h^2 = \frac{1}{N_h - 1}\sum_{j}^{N_h}(y_{h\,j} - \mu_h)^2$$

또한 모집단 전체 모분산(σ^2)은 다음과 같이 얻어지며 다음과 같이 층내분산과 층간분산, 두 부분으로 나눌 수 있다.

$$\begin{aligned}\sigma^2 &= \frac{1}{N}\sum_{h}^{L}\sum_{j}^{N_h}(y_{hj} - \mu)^2 \\ &= \frac{1}{N}\sum_{h}^{L}\sum_{j}^{N_h}[y_{hj} - \mu_h + \mu_h - \mu]^2 \\ &= \frac{1}{N}\left[\sum_{h}^{L}\sum_{j}^{N_h}(y_{hj} - \mu_h)^2 + \sum_{h}^{L}N_h(\mu_h - \mu)^2\right] \\ &= \frac{1}{N}\sum^{L}N_h\,\sigma_h^2 + \frac{1}{N}\sum^{L}N_h(\mu_h - \mu)^2 \\ &= \sigma_w^2 + \sigma_b^2\end{aligned}$$

여기서 $\sigma_w^2 = \frac{1}{N}\sum^{L}N_h\sigma_h^2$를 층내분산(variance within strata)분산이라 하며 이 값이 크면 층내가 이질적이고 이 값이 작으면 층내가 동질적이라고 볼 수 있다. 또한

$\sigma_b^2 = \frac{1}{N}\sum^{L} N_h(\mu_h - \mu)^2$를 층간분산(variance between strata)이라 하는데 이 분산이 크면 층간이 이질적이고 이 값이 작으면 층내는 동질적이라 할 수 있다. 층화임의추출은 층간의 분산이 차이가 많이 나면 날수록 정확하다고 할 수 있다. 다시 정리하면 모집단의 동질적 층화(homeogenous strata)와 모집단의 이질적 층화(heterogeneous strata)로 표현할 수 있는데 층내분산이 적을 경우 층내가 동질적으로 되었다고 말하고 층내분산이 큰 경우 층내가 이질적이 되었다고 이야기한다. 평균의 분산 $\overline{y}_{st}$는 층내분산 σ_w^2을 포함하고 있다. 따라서 σ_w^2이 적을 때 $\overline{y}_{st}$의 분산이 적게 되고 역으로 층간분산 σ_b^2이 클 경우에 $\overline{y}_{st}$의 분산이 적게 되므로 평균의 분산을 줄이는 방법으로, 즉 좋은 추정방법으로 층내분산은 줄이고 층간분산은 늘리는 방법을 사용하게 된다.

4.4.1 표본평균 $\overline{y}_{st}$의 분산

층화임의추출의 경우 평균은 다음과 같이 정의하였다.

$$\overline{y}_{st} = \frac{1}{N}\sum^{L} N_h \overline{y}_h = \sum^{L} W_h \overline{y}_h, \quad \frac{N_h}{N} = W_h$$

따라서 각 층별로는 독립이므로 층간의 가중합 형태로 더해져서 비복원의 경우 평균의 분산은 다음과 같다.

$$V(\overline{y}_{st}) = \sum_h^L W_h V(\overline{y}_h) = \sum_h^L \left(\frac{N_h}{N}\right)^2 \frac{N_h - n_h}{N_h} \frac{S_h^2}{n_h}$$
$$= \frac{1}{N^2}\sum_h^L \frac{(N_h S_h)^2}{n_h} - \frac{1}{N^2}\sum N_h S_h^2$$

복원의 경우는 유한모집단 수정계수가 1이므로($\frac{N_h - n_h}{N_h} = fpc = 1$) 다음과 같다.

$$V(\overline{y}_{st}) = \frac{1}{N^2}\sum \frac{(N_h S_h)^2}{n_h} \quad (-\frac{1}{N^2}\sum_h^L N_h S_h^2 = 0)$$

4.4.2 $V(\overline{y}_{st})$의 추정량

위의 $V(\overline{y}_{st})$은 모분산을 포함하고 있으므로 일반적으로 구할 수 없다. 따라서 모분산 대신에 표본분산을 사용하여 다음과 같이 $V(\overline{y}_{st})$의 추정량을 구할 수 있다.

$$\hat{V}(\overline{y}_{st}) = \frac{1}{N^2}\sum_{h}^{L} N_h^2 \frac{N_h - n_h}{N_h}\frac{s_h^2}{n_h}$$

여기서 $s_h = \dfrac{1}{n_h - 1}\sum_{j}^{n_h}(y_{hj} - \overline{y}_h)^2$이다.

또한 $\hat{V}(\overline{y}_{st})$은 $V(\overline{y}_{st})$의 불편추정량이다.

$$E\left[\hat{V}(\overline{y}_{st})\right] = V(\overline{y}_{st})$$

예제 4.5

[예제 4.1]에서의 평균분산을 추정하여라.

풀이 우선,

$$s = \frac{1}{n_1 - 1}\sum_{j}^{n_1}(y_{1j} - \overline{y}_1)^2 1$$
$$= \frac{1}{(22-1)}\sum(y_{1j} - \overline{y}_1) = 1.446$$

$s_2^2 = 1.462,\ s_3^2 = 0.942$이므로,

$$\hat{V}(\overline{y}_{st}) = \frac{1}{N^2}\sum_{h=1}^{3} N_h^2 \frac{N_h - n_h}{N_h}\frac{s_h^2}{n_h}$$
$$= \frac{1}{(383)^2}\left[(130)^2\frac{130-22}{130}\frac{(1.446)}{22} + (154)^2\frac{154-24}{154}\frac{(1.462)}{24}\right.$$
$$\left. + (99)^2\frac{99-17}{99}\frac{(0.942)}{17}\right]$$
$$= 0.0177$$

○ 연습예제 4.5

[연습예제 4.1]에서 평균의 분산을 추정하여라.

4.4.3 표본총계 $\hat{\tau}_{st}$의 분산

층화임의추출법에서 모총계를 추정하는 표본총계와 표본총계의 분산은 다음과 같다.

$$\hat{\tau}_{st} = \sum_h^L N_h \overline{y}_h$$

$$V(\hat{\tau}_{st}) = V(\sum_h^L N_h \overline{y}_h) = \sum_h^L N_h^2 \frac{N_h - n_h}{N_h} \frac{S_h^2}{n_h}$$

따라서 모총계의 $\hat{\tau}_{st}$의 분산의 추정량은 다음과 같다.

$$\hat{V}(\hat{\tau}_{st}) = \sum_h^L N_h^2 \frac{N_h - n_h}{N_h} \frac{s_h^2}{n_h}$$

여기서 $s_h^2 = \dfrac{1}{n_h - 1}\sum_j^{n_h}(y_{hj} - \overline{y}_h)^2$ 이다.

또한 $\overline{y}_{st}$의 분산과 $\hat{\tau}_{st}$의 분산과 관계가 있다. 평균의 분산에 모집단의 개수를 제곱하면 표본 총계의 분산과 동일한 결과를 얻을 수 있다

$$V(\hat{\tau}_{st}) = N^2\, V(\overline{y}_{st})$$

또한 $\hat{V}(\hat{\tau}_{st})$는 $V(\hat{\tau}_{st})$의 불편추정량이다. 즉,

$$E[\hat{V}(\hat{\tau}_{st})] = V(\hat{\tau}_{st})$$

● 예제 4.6

[예제 4.1]에서 $\hat{V}(\widehat{\tau_{st}})$를 구하여라.

풀이 $\hat{V}(\widehat{\tau_{st}}) = N^2\, \hat{V}(\overline{y}_{st}) = (383)^2(0.0177) = 2596.40$

연습예제 4.6

[연습예제 4.1]에서 $\hat{V}(\hat{\tau}_{st})$를 구하여라.

4.4.4 표본비율 $\hat{p}_{st}$의 분산

층화임의추출법에서 표본비율의 분산 $V(\hat{p}_{st})$은 비복원인 경우 다음과 같이 정의된다. 먼저 단순임의추출의 경우 표본비율의 분산은 다음과 같다고 앞에 언급하였다.

$$V(\hat{p}) = \sigma^2_{\hat{p}} = \frac{N-n}{N}\frac{S^2}{n} = \frac{N-n}{N-1}\frac{pq}{n}$$

이를 층화임의추출에 적용하면 다음과 같이 표본비율의 분산 $V(\hat{p}_{st})$은 비복원인 경우 다음과 같다.

$$V(\hat{p}_{st}) = \frac{1}{N^2}\sum_h^L N_h^2 \frac{N_h - n_h}{N_h - 1}\frac{p_h q_h}{n_h}$$

또한 이에 따라 $V(\hat{p}_{st})$의 추정량 $\hat{V}(\hat{p}_{st})$은 단순임의추출의 추정량을 이용하여 다음과 같이 구할 수 있다.

$$\hat{V}(\hat{p}_{st}) = \frac{1}{N^2}\sum_h^L N_h^2 \frac{N_h - n_h}{N_h}\frac{\hat{p}_h \hat{q}_h}{n_h - 1}$$

예제 4.7

종업원 정원이 102명과 130명이 있는 회사에서 비복원으로 20명과 25명을 추출하여 단독주택 아닌 아파트에 사는 종업원 수를 조사한 결과 각각 12명과 17명으로 조사되었다. 총 두 회사의 아파트 사는 비율과 비율의 분산을 추정하여라.

풀이 $N_1 = 102$, $N_2 = 130$, $n_1 = 20$, $n_2 = 25$이고 $\hat{p}_1 = \frac{12}{20} = 0.60$, $\hat{p}_2 = \frac{17}{25} = 0.68$이다. 따라서 층화임의추출법에 의한 비율 추정은 다음과 같이 얻을 수 있다.

$$\hat{p}_{st} = \frac{(102 \times 0.60 + 130 \times 0.68)}{(102 + 130)} = 0.645$$

또한

$$\hat{V}(\hat{p}_{st}) = \frac{1}{N^2}\sum_{h}^{L} N_h^2 \frac{N_h - n_h}{N_h}\frac{\hat{p}_h \hat{q}_h}{n_h - 1}$$

$$= \frac{1}{232^2}\left[102^2 \frac{102-20}{102}\frac{(0.60)(0.40)}{20-1} + 130^2 \frac{130-25}{130}\frac{(0.68)(0.32)}{25-1}\right]$$

$$= 0.0042622$$

이다.

연습예제 4.7

다음은 주차 공간이 100개, 80개를 갖춘 두 건물에 임의로 주차 공간 20개씩을 조사하였더니 다음과 같은 결과가 나왔다. 다음은 주차의 주차시설의 주차 유무이다. 주차시설에 차가 주차되어 있는 경우에는 1, 그렇지 않은 경우에는 0이다.

건물	주차 유무									
건물1	1	1	0	1	0	1	1	0	0	1
	0	1	0	0	1	1	0	0	0	1
건물2	1	1	0	1	0	1	0	1	1	1
	0	1	1	1	0	1	1	0	0	1

전체 건물에 주차 비율을 추정하고 비율의 분산을 추정하여라.

4.5 | 층의 개수의 결정

앞의 4.2절에 층화임의추출법의 네 가지 선행조건에서 (3)번이 층의 개수를 선택하는 문제를 다루고자 한다. 일반적으로 많은 경우가 층으로 나누어진 상황에서 층화임의추출을 하게 되지만 때에 따라 층이 결정되지 않았을 경우가 있다. 이 경우에 층의 개수가 결정해야 할 때가 있다. 이때 적당한 층수를 결정해야 하는데 일반적으로 층이 많으면 층화 효과가 높아지는 것으로 알려져 있다. 그렇다고 층수를 무한히 증가시킬 수는 없다. 왜냐하면 층수를 증가시키면 어느 정도는 효율이 높아지는 것을 볼 수 있지만 어느 단계를 넘어서면 효율의 증가가 둔화되기 때문이다.

일반적으로 층화를 할 때 층수를 증가시키면 층내 분산이 계속 감소한다. 대규모 조사에서는 층의 크기를 균등하게 하는 것이 좋다. Dalenius(1953)는 최적층수가 L개일 때 추정량 $\overline{y}$의 분산은 최적층수가 $L-1$개일 때의 $\overline{y}$의 분산보다 $\left[\frac{L-1}{L}\right]^2$배 만큼 작다는 것을 증명하였다. 즉

$$V_L(\overline{y}_{st}) = \left[\frac{L-1}{L}\right]^2 V_{L-1}(\overline{y}_{st})$$

예를 들어 4개의 층을 가진 층화임의추출의 분산이 50인 경우, 5개의 층을 가진 경우의 분산은 $\left(\frac{4}{5}\right)^2 50 = \frac{16}{25}50 = 32$로 줄어든다. 특히 Dalenius는 분포의 밀도함수가 $f(y) = e^{-y}$, $f(y) = ye^{-y}$일 경우 층수가 증가함에 따라 분산의 감소가 위의 식과 같다는 것을 보였다.

4.6 | 평균 추정의 경우 표본의 배분

본 절은 앞의 4.2절의 (4)번, 층간의 표본의 배분을 다룰 것이다. 층화변수, 모집단 층화, 층의 개수 등이 결정되어 있을 경우 가장 중요한 문제로 각 층별로 표본을 어떻게 추출할 것인가이다. 단순임의추출에서도 표본의 개수를 정하는 문제를 중요하게 다루었듯이 층화임의추출법에서도 표본추출문제를 중요하게 다룰 것이다. 층화임의추출법은 전체 하나의 표본을 추출하는 단순임의추출법과 달리 전체 표본을 추출하고 그 다음에 각 층별로 표본을 추출해야 하는 문제가 생긴다. 이를 표본의 배분이라 하는데 이는 표본 배분방법을 어떤 것들을 사용하느냐에 따라 값이 달라질 수 있으므로 먼저 배분방법을 결정을 해야 한다. 배분방법에는 균등배분, 비례배분, 최적배분, 네이만 배분이 있다. 따라서 이 네 가지 방법 중 한 가지 방법을 선택 후, 사전 배분조건에 따라 배분을 하게 된다. 이 사전 배분조건은 분산 $V(\overline{y}_{st})$를 고정시켜 놓고 비용을 최소로 하는 조건과 비용을 고정시켜 놓고 분산 $V(\overline{y}_{st})$를 최소로 하는 조건이 있다. 이 두 조건을 기준으로 네 가지 방법에 대해 배분방법을 적용하여야 한다.

분산을 고정시킬 경우에는 앞에서 언급한 층화임의추출의 분산을 이용해야 하는데 모든 배분은 평균의 분산을 이용하기로 한다.

$$V(\overline{y}_{st})=\sum_h^L\left(\frac{N_h}{N}\right)^2\frac{N_h-n_h}{N_h}\frac{S_h^2}{n_h}$$

또한 비용에 있어서는 일반적으로 총 비용함수 C는 다음과 같이 정의한다.

$$C=c_0+\sum_h^L c_h n_h$$

여기서 c_0는 고정비용이고 c_h는 h층에 있는 조사단위당 비용을 의미한다.

이를 다시 정리하면 먼저 네 가지 배분방법 중 하나를 결정하고 그에 따른 두 가지 기준, 즉 분산고정이냐 비용고정이냐에 따라 표본의 크기를 정하고 그 정해진 표본을 사전에 정해진 배분방법에 따라 배분을 하는 것이 층화추출법의 배분방법이다. 그럼 네 가지 배분방법 각각에 대해 분산고정, 비용고정으로 각각 표본의 크기 n을 정하고 그 사전에 배분방법에 의해 표본을 배분하고(n_1, n_2, $\cdots$, n_L) 그 방법에 대한 추정치의 분산을 구하기로 한다.

먼저 각 방법의 분산고정을 통한 표본의 크기를 정하는데 사용되는 분산식을 언급하도록 하겠다. 모든 표본의 크기 추정은 일단 평균을 추정하기 위한 경우만 언급하도록 하겠다. 앞서도 언급했지만 층화임의추출의 평균과 평균의 분산은 다음과 같다.

$$\overline{y}_{st}=\frac{\sum N_h\overline{y}_h}{N}$$

$$V(\overline{y}_{st})=\frac{1}{N^2}\sum N_h^2\frac{N_h-n_h}{N_h}\frac{S_h^2}{n_h}$$

여기서 표본의 크기를 구하기 위해서는 표본의 크기로 표현되는 n이라는 변수가 포함되어야 하는데 식에 포함되어 있지 않으므로 오차한계를 정하고 n_h를 $n_h=w_h n$로 표현함으로써 n에 대한 함수를 구할 수 있다.

$$\begin{aligned}d&=z\sqrt{V(y_{st})}\\&=z\sqrt{\frac{1}{N^2}\sum N_h^2\frac{N_h-n_h}{N_h}\frac{S_h^2}{n_h^2}}\\&=z\sqrt{\frac{1}{N^2}\sum N_h^2\frac{N_h-nw_h}{N_h}\frac{S_h^2}{nw_h}}\end{aligned}$$

여기에서 $\left(\frac{d}{z}\right)^2=D$라 하면 다음과 같이 표현이 된다.

$$D = \frac{1}{N^2}\sum N_h^2 \frac{N_h - nw_h}{N_h}\frac{S_h^2}{nw_h}$$

이를 n에 대해 풀어 정리하면 다음과 같다.

$$n = \frac{\sum N_h^2 S_h^2 \; / w_h}{N^2 D + \sum N_h S_h^2}$$

여기서 $w_h = \frac{n_h}{n}$이다.

그러면 이제 평균을 중심으로 각 배분별 표본의 크기와 표본의 배분, 마지막으로 그 배분방법에 따른 분산을 구해보자.

4.6.1 균등배분(Uniform Allocation)

균등배분이란 각 층의 표본의 크기는 모집단의 각 층의 크기에 관계없이 총 표본에 층의 크기로 나눈 경우이다.

$$n_h = \frac{n}{L}$$

4.6.1.1 모평균(μ)의 추정량

$$\overline{y}_{st} = \frac{1}{N}\sum_h^L N_h \overline{y}_h$$

균등배분의 표본평균은 층화임의추출에서 층별로 단순임의추출된 표본에 표본의 개수를 나누어 얻는다.

$$\overline{y}_{uni} = \frac{1}{n}\sum_h^L n_h \hat{y}_h$$

4.6.1.2 분산 고정

위의 식에서 $w_h = \frac{n_h}{n} = \frac{1}{L}$로 표현되므로 n을 구하는 식에 대입하면 다음과 같은 표본을 얻는다. 즉, $n = \frac{\sum N_h^2 S_h^2 / w_h}{N^2 D + \sum N_h S_h^2}$을 이용하여,

$$n = \frac{\sum N_h^2 S_h^2 / \frac{1}{L}}{N^2 D + \sum N_h S_h^2} = \frac{L \sum N_h^2 S_h^2}{N^2 D + \sum N_h S_h^2}$$

여기서 $D = \left(\frac{d}{z}\right)^2$ 이다.

4.6.1.3 비용 고정

역시 위의 식에서 $n_h = \frac{n}{L}$ 이므로 이를 비용식에 대입하면 다음과 같은 결과를 얻게 된다.

$$C = c_0 + \sum c_h \frac{n}{L}$$

$$\sum c_h \frac{n}{L} = C - c_0$$

$$n = \frac{L(C - c_0)}{\sum c_h}$$

4.6.1.4 평균의 분산

n이 얻어졌을 경우 층화추출의 분산 $V(\overline{y}_{st}) = \frac{1}{N^2} \sum N_h^2 \frac{N_h - n_h}{N_h} \frac{S_h^2}{n_h}$ 에서 $n_h = \frac{n}{L}$ 를 대입하면 비복원인 경우 다음과 같은 결과를 얻게 된다.

$\overline{y}_{uni}$의 분산= $V_{uni}(\overline{y}_{st})$

$$V_{uni}(\overline{y}_{st}) = \frac{1}{N^2} \sum N_h^2 \frac{N_h - \frac{n}{L}}{N_h} \frac{S_h^2}{\frac{n}{L}}$$

$$V_{uni}(\overline{y}_{st}) = \frac{1}{N^2} \sum_h^L N_h^2 \frac{LN_h - n}{N_h} \frac{S_h^2}{n} \qquad \text{(비복원)}$$

$$= \frac{1}{N^2} \sum N_h^2 \frac{LS_h^2}{n} \qquad \text{(복원)}$$

4.6.1.5 $V_{uni}(\bar{y}_{st})$의 추정량: $\hat{V}_{uni}(\bar{y}_{st})$

일반적으로 각 층의 모분산 $S_h(h=1,\ 2,\ \cdots,\ L)$은 알 수 없으므로 $V_{uni}(\bar{y}_{st})$의 추정량인 $\hat{V}_{uni}(\bar{y}_{st})$을 계산하여야 하는데 모분산 대신 표본분산 $s_h(h=1,\ 2,\ \cdots,\ L)$을 사용하므로 다음과 같이 얻을 수 있다.

$$\hat{V}_{uni}(\bar{y}_{st}) = \frac{1}{N^2}\sum_h^L N_h^2 \frac{LN_h - n}{N_h}\frac{s_h^2}{n} \qquad \text{(비복원)}$$

$$= \frac{1}{N^2}\sum N_h^2 \frac{Ls_h^2}{n} \qquad \text{(복원)}$$

• 예제 4.8

다음은 어느 중소도시의 세 지역의 중학교 학생들을 대상으로 키의 평균을 추정하고자 한다. 다음은 지역별 중학생 모집단 숫자와 분산 및 추출비용이다. 만일 균등배분을 통해 95% 신뢰구간하에 최대허용오차를 2cm로 할 경우 분산고정과 비용고정에 의한 총 표본은 얼마이며 각 고정별 지역별 학생 수는 얼마인가? 또 비복원과 복원의 경우 분산을 얼마인지도 계산하여라.(총비용은 1,000,000원이라 하고 고정비용을 300,000원이라 하자.)

지역	학생수	키의 분산	추출 비용
1	3,400	150	2,500
2	2,300	175	1,500
3	1,200	165	2,000
합계	6,900		

풀이 $N = 6,900,\ \ N_1 = 3,400,\ \ N_2 = 2,300,\ \ N_3 = 1,200$

$S_1^2 = 150,\ S_2^2 = 175,\ S_3^2 = 165$

$C = 1,000,000,\ \ c_0 = 300,000,\ \ c_1 = 2,500,\ \ c_2 = 1.500,\ \ c_3 = 2,000$

$$d = 2,\ D = \left(\frac{2}{1.96}\right)^2 = 1.04$$

분산 고정

$$n = \frac{L\sum N_h^2 S_h^2}{N^2 D + \sum N_h S_h^2}$$

$$=\frac{3(3400^2\times150+2300^2\times175+1200^2\times165)}{6900^2\left(\frac{2}{1.96}\right)^2+(3400\times150+2300\times175+1200\times165)}$$

$$=172.31\fallingdotseq173$$

따라서 각 층의 배분값은 $n_1=n_2=n_3=\frac{n}{L}=\frac{173}{3}=57.67$로서 58,58,57 이 되겠다.

비용 고정

$$n=\frac{L(C-c_0)}{\sum c_h}$$

$$=\frac{3(1000000-300000)}{(2500+1500+2000)}$$

$$=350$$

따라서 각 층의 배분값은 $n_1=n_2=n_3=\frac{n}{L}=\frac{350}{3}=116.67$로서 116, 116, 117이 되겠다.

추정 평균의 분산

총 표본인 n이 정해졌으므로 분산식에 대입하면 다음과 같다. 이 경우는 분산고정인 경우의 표본의 크기(173)를 이용하도록 한다.

$$V_{uni}(\bar{y}_{st})=\frac{1}{N^2}\sum_{h}^{L}N_h^2\frac{LN_h-n}{N_h}\frac{S_h^2}{n}$$

$$=\frac{1}{6900^2}\left[\frac{3400^2(3\times3400-173)\times150}{3400\times173}+\frac{2300^2(3\times2300-173)\times175}{2300\times173}+\frac{1200^2(3\times1200-173)\times165}{1200\times173}\right]$$

$$=1.03198$$

$$V_{uni}(\bar{y}_{st})=\frac{1}{N^2}\sum N_h^2\frac{LS_h^2}{n}$$

$$=\frac{1}{6900^2}\left[\frac{3400^2\times3\times150}{173}+\frac{2300^2\times3\times175}{173}\right.$$

$$+\frac{1200^2\times 3\times 165}{173}\Bigg]$$

$$=1.05530$$

연습예제 4.8

다음은 어느 세 학교에 대학교 학생들을 대상으로 용돈의 평균을 추정하고자 한다. 다음은 대학교 모집단 숫자와 용돈의 분산 및 추출비용이다. 만일 균등배분을 통해 95% 신뢰구간하에 허용오차를 10원으로 할 경우 분산고정과 비용고정에 의한 총 표본은 얼마이며 각 고정별 지역별 학생 수는 얼마인가? 또 비복원의 경우 분산을 얼마인지도 계산하여라.(총비용은 5,000,000원이라 하고 고정비용을 3,000,000원이라 하자.)

지역	학생수	용돈의 분산	추출 비용
1	5,400	3,300	5,000
2	5,000	4,200	5,000
3	3,200	4,100	5,000
합계	13,600		

4.6.2 비례배분(Proportional Allocation)

비례배분이란 모집단의 각 층의 크기에 비례하여 총 배분값을 배분하는 경우를 말한다.

$$\frac{n_1}{N_1}=\frac{n_2}{N_2}=\cdots=\frac{n_L}{N_L}=\frac{n}{N}=f$$

이에 대한 h층에서의 배분은 다음과 같다.

$$n_h=\frac{N_h}{N}n$$

4.6.2.1 모평균(μ)의 추정량

$$\overline{y}_{st}=\frac{1}{N}\sum_{h}^{L}N_h\overline{y}_h$$

비례배분의 표본평균은 층화임의추출에서 층별로 단순임의추출된 표본에 표본의 개수를 나누어 얻는다.

$$\bar{y}_{prop} = \frac{1}{n}\sum_{h}^{L}\sum_{j}^{n_h} y_{hj},$$

$$E(\bar{y}_{prop}) = \mu$$

4.6.2.2 분산 고정

역시 표본의 크기를 구하는 식에 w_h 대신에 $w_h = \dfrac{N_h}{N}$를 대입하여 구하면 비례배분에 의한 표본의 크기를 구하는 식을 얻는다.

즉, $n = \dfrac{\sum N_h^2 S_h^2 / w_h}{N^2 D + \sum N_h S_h^2}$을 이용하여 다음과 같은 n을 구할 수 있다.

$$n = \frac{\sum N_h^2 S_h^2 \Big/ \left(\frac{N_h}{N}\right)}{N^2 D + \sum N_h S_h^2} = \frac{\sum N_h S_h^2}{ND + \frac{1}{N}\sum N_h S_h^2}$$

4.6.2.3 비용 고정

역시 비용식에 w_h 대신에 $w_h = \dfrac{N_h}{N}$를 대입하면 다음과 같은 결과를 얻게 된다.

$$C = c_0 + \sum c_h n_h$$

$$C - c_0 = \sum c_h \frac{N_h}{N} n$$

$$n = \frac{N(C - c_0)}{\sum c_h N_h}$$

4.6.2.4 표본평균의 분산

비례배분의 표본평균의 분산은 다음과 같이 정의되고 식(4.21)에서 n_h에 관하여 푼 뒤 층화임의추출의 표본평균의 분산에 대입하여 $\bar{y}_{prop}$의 분산을 얻는다.

$$\bar{y}_{prop}\text{의 분산} = V_{prop}(\bar{y}_{st})$$

층화임의추출의 표본평균의 분산 $V(\overline{y}_{st})=\frac{1}{N^2}\sum N_h^2\frac{N_h-n_h}{N_h}\frac{S_h^2}{n_h}$에서 $n_h=\frac{N_h}{N}\cdot n$를 대입하면 다음과 같다.

$$V_{prop}(\overline{y}_{st})=\frac{1}{N^2}\sum N_h^2\frac{N_h-\frac{N_h}{N}\cdot n}{N_h}\frac{S_h^2}{\frac{N_h}{N}\cdot n}=\frac{N-n}{N}\sum\frac{N_hS_h^2}{Nn} \quad \text{(비복원)}$$

$$=\sum\frac{N_hS_h^2}{Nn} \quad \text{(복원)}$$

4.6.2.5 $V_{prop}(\overline{y}_{st})$의 추정량: $\hat{V}_{prop}(\overline{y}_{st})$

일반적으로 각 층의 모분산 S_h $(h=1,2,\cdots,L)$은 알 수 없으므로 $V_{prop}(\overline{y}_{st})$의 추정량인 $\hat{V}_{prop}(\overline{y}_{st})$을 계산하여야 하는데 모분산 대신 표본분산 s_h $(h=1,2,\cdots,L)$을 사용하므로 다음과 같이 얻을 수 있다.

$$\hat{V}_{prop}(\overline{y}_{st})=\frac{N-n}{N}\sum_h^L\frac{N_h}{N}\frac{s_h^2}{n} \quad \text{(비복원)}$$

$$=\sum_h^L\frac{N_h}{N}\frac{s_h^2}{n} \quad \text{(복원)}$$

• 예제 4.9

위의 [예제 4.8]을 계속 사용하기로 하자. 모든 경우가 동일하고 단지 비례배분을 통해 95% 신뢰구간하에 허용오차를 2cm로 할 경우 분산고정과 비용고정에 의한 총 표본은 얼마이며 각 고정별 지역별 학생 수는 얼마인가? 또 복원과 비복원의 경우 분산을 얼마인지도 계산하여라.(총비용은 1,000,000원이라 하고 고정비용을 300,000원이라 하자.)

지역	학생수	키의 분산	추출 비용
1	3,400	150	2,500
2	2,300	175	1,500
3	1,200	165	2,000
합계	6,900		

풀이 $N=6,900,\quad N_1=3,400,\quad N_2=2,300,\quad N_3=1,200$

$S_1^2=150, S_2^2=175, S_3^2=165$

$C=1,000,000,\quad c_0=300,000,\quad c_1=2,500,\quad c_2=1.500,\quad c_3=2,000$

$d=2,\ D=\left(\frac{2}{1.96}\right)^2=1.04$

분산 고정

$$n=\frac{\sum N_h^2S_h^2\ /\left(\frac{N_h}{N}\right)}{N^2D+\sum N_hS_h^2}=\frac{\sum N_hS_h^2}{ND+\frac{1}{N}\sum N_hS_h^2}=151.18 \fallingdotseq 152$$

$$\text{층1:}\ n_1=\frac{N_1}{N}n=\frac{3400}{6900}\times 152=74.90 \fallingdotseq 75$$

$$\text{층2:}\ n_2=\frac{N_2}{N}n=\frac{2300}{6900}\times 152=50.67 \fallingdotseq 51$$

$$\text{층3:}\ n_3=\frac{N_3}{N}n=\frac{1200}{6900}\times 152=26.43 \fallingdotseq 26$$

비용 고정

$$n=\frac{N(C-c_0)}{\sum c_hN_h}=336.5 \fallingdotseq 337$$

$$\text{층1:}\ n_1=\frac{N_1}{N}n=\frac{3400}{6900}\times 337=166.06 \fallingdotseq 166$$

$$\text{층2:}\ n_2=\frac{N_2}{N}n=\frac{2300}{6900}\times 337=112.33 \fallingdotseq 112$$

$$\text{층3:}\ n_3=\frac{N_3}{N}n=\frac{1200}{6900}\times 337=58.61 \fallingdotseq 59$$

표본평균의 분산(분산고정의 경우)

$$V_{prop}(y_{st})=\frac{N-n}{N}\sum\frac{N_hS_h^2}{Nn} \qquad \text{(비복원)}$$

$$=1.0355$$

$$=\sum\frac{N_hS_h^2}{Nn} \qquad \text{(복원)}$$

$$=1.0588$$

연습예제 4.9

위의 [연습예제 4.8]을 계속 사용하기로 하자. 모든 경우가 동일하고 단지 비례배분을 통해 95% 신뢰구간하에 허용오차를 10원으로 할 경우 분산고정과 비용고정에 의한 총 표본은 얼마이며 각 고정별 지역별 학생 수는 얼마인가? 또 비복원의 경우 분산을 얼마인지도 계산하여라.(총비용은 5,000,000원이라 하고 고정비용을 3,000,000원이라 하자.)

지역	학생수	용돈의 분산
1	5,400	3,300
2	5,000	4,200
3	3,200	4,100
합계	13,600	

4.6.3 최적배분(Optimal Allocation)

앞의 균등배분과 비례배분은 표본의 배분에 있어서 분산을 이용하지는 않고 단지 층의 크기 개수와 모집단의 층의 크기를 이용하였다. 이제 언급하게 될 최적배분은 표본의 배분에 각 층의 분산을 이용하게 되는데 다음 두 가지 방법 중 하나를 사용하게 된다. 즉, 첫째로 비용이 $C = c_0 + \sum c_h n_h$ 고정된 상태에서 평균의 분산 $V(\overline{y}_{st})$를 최소로 하는 배분방법과 둘째로 평균의 분산 $V(\overline{y}_{st})$를 고정한 상태에서 비용 $C = c_0 + \sum c_h n_h$을 최소로 하는 방법을 통해 배분을 하고 그로 인해 표본 n을 구하게 된다. 여기서는 라그랑주 승수법을 이용하여 첫 번째 방법(비용이 고정된 상태에서 평균의 분산을 최소로 하는 방법)을 이용한 최적 배분방법을 다루기로 한다.

계산을 간단히 하기 위해 앞에서 언급한 비용함수에서 고정비용인 c_0를 생략하고 간단히 다음과 같이 정의한다.

$$C = \sum_{h}^{L} c_h \, n_h$$

즉, 위의 비용이 주어졌을 때 $\overline{y}_{st}$의 분산을 최소로 하는 n_h를 구하고 이를 통해 표본의 크기 n을 구해보자. 이는 라그랑주 승수법을 통해 얻게 된다.

정리

라그랑주 승수법(Method of Lagrange multiplies): 최적화 문제를 다루는 하나의 방법으로 사용된다. 예를 들어 다음과 같은 문제를 생각해보자.

$f(\boldsymbol{x})$: 최적화 또는 최소화

제약조건: $g(\boldsymbol{x})=\boldsymbol{b}$

여기서 $\boldsymbol{x}=(x_1, x_2, \cdots, x_n)$, $\boldsymbol{g}=(g_1, g_2, \cdots, g_m)$, $\boldsymbol{b}=(b_1, b_2, \cdots, b_m)$이다.

위의 최적화 문제를 해결함에 있어서 라그랑주 승수법은 우선 다음과 같은 라그랑주 함수를 구성한다.

$$h(\boldsymbol{x},\boldsymbol{\lambda})=f(\boldsymbol{x})-\boldsymbol{\lambda}[g(\boldsymbol{x})-\boldsymbol{b}]$$

여기서 $\boldsymbol{\lambda}=(\lambda_1, \lambda_2, \cdots, \lambda_m)$이다.

그러므로 다음의 필요조건에 만족하는 해로부터 주어진 문제의 최적해를 구하게 된다.

$$\frac{\partial h}{\partial x_j}=\frac{\partial f}{\partial x_j}-\sum_{i=1}^{m}\lambda_i\frac{\partial g_i}{\partial x_j}=0 \quad (j=1,\ 2,\ \cdots,\ n)$$

따라서 라그랑주 승수법을 사용하기 위해 라그랑주 함수를 다음과 같이 ϕ로 정의하고 n_h에 대해 미분하여 0으로 놓으면 다음과 같다.(계산을 쉽게 하기 위하여 복원인 경우를 다루도록 한다.)

$$\phi=V(\overline{y}_{st})+\lambda\left(\sum_{h}^{L}c_h n_h-C\right),$$

$$\phi=\frac{1}{N^2}\sum N_h^2\frac{S_h^2}{n_h}+\lambda\left(\sum_{h}^{L}c_h n_h-C\right),$$

$$\frac{\partial\phi}{\partial n_h}=0,$$

$$-\frac{N_h^2}{N^2}\frac{S_h^2}{n_h^2}+\lambda c_h=0$$

이 식을 n_h에 대해 풀면 다음과 같다.

$$n_h=\frac{1}{\sqrt{\lambda}}\frac{N_h S_h}{N\sqrt{c_h}}$$

이에 양변에 $\sum_h^L$를 취하여 λ에 대해 풀면 다음과 같은 결과를 얻게 된다.

$$\sum_h^L n_h = n = \frac{1}{\sqrt{\lambda}} \sum_h^L \frac{N_h S_h}{N\sqrt{c_h}},$$

$$\sqrt{\lambda} = \frac{1}{n} \frac{1}{N} \sum_h^L \frac{N_h S_h}{\sqrt{c_h}}$$

h층에서의 최적배분은 최종 결과는 다음과 같다.

$$n_h = \frac{N_h S_h / \sqrt{c_h}}{\sum_h (N_h S_h / \sqrt{c_h})} \cdot n$$

4.6.3.1. 분산고정

즉, $n = \dfrac{\sum N_h^2 S_h^2 / w_h}{N^2 D + \sum N_h S_h^2}$ 을 이용하여 w_h 대신에 다음을 대입하여 다음과 같은 n을 구할 수 있다.

$$w_h = \frac{n_h}{n} = \frac{N_h S_h / \sqrt{c_h}}{\sum N_h S_h / \sqrt{c_h}}$$

$$n = \frac{(\sum N_h S_h \sqrt{c_h})(\sum N_h S_h / \sqrt{c_h})}{N^2 D + \sum N_h S_h^2}$$

4.6.3.2 비용고정

비용고정이 경우 $C = c_0 + \sum c_h n_h$ 식을 통해 표본의 크기를 구할 수 있다. 이 경우 고정비용을 포함할 수도 있고 뺄 수도 있다.

$$n = \frac{(C - c_0)(\sum N_h S_h / \sqrt{c_h})}{\sum N_h S_h \sqrt{c_h}}$$

4.6.3.3 표본평균의 분산

또한 층화임의추출의 평균의 분산 $V(\bar{y}_{st}) = \sum \left(\frac{N_h}{N}\right) \frac{N_h - n_h}{N_h} \frac{S_h}{n_h}$ 에 $n_h = \dfrac{N_h S_h / \sqrt{c_h}}{\sum_h (N_h S_h / \sqrt{c_h})} \cdot n$ 를 대입하면 다음과 같은 최적배분에 의한 층화추출 평균 분산

식이 얻어진다.

$$V_{opt}(\bar{y}_{st}) = \frac{1}{N^2}\sum N_h^2 \frac{N_h - \dfrac{N_h S_h / \sqrt{c_h}}{\sum N_h S_h / \sqrt{c_h}} n}{N_h} \frac{S_h^2}{\dfrac{N_h S_h / \sqrt{c_h}}{\sum N_h S_h / \sqrt{c_h}} n}$$

$$V_{opt}(\bar{y}_{st}) = \frac{1}{N^2}\frac{1}{n}\left(\sum_h^L N_h S_h \sqrt{c_h}\right)\left(\sum_h^L \frac{N_h S_h}{\sqrt{c_h}}\right) - \frac{1}{N^2}\sum_h^L N_h S_h^2 \quad \text{(비복원)}$$

$$V_{opt}(\bar{y}_{st}) = \frac{1}{N^2}\frac{1}{n}\left(\sum_h^L N_h S_h \sqrt{c_h}\right)\left(\sum_h^L \frac{N_h S_h}{\sqrt{c_h}}\right) \quad \text{(복원)}$$

4.6.3.4 $V_{opt}(\bar{y}_{st})$의 추정량: $\hat{V}_{opt}(\bar{y}_{st})$

일반적으로 각 층의 모분산 $S_h(h=1,\ 2,\ \cdots,\ L)$은 알 수 없으므로 $V_{opt}(\bar{y}_{st})$의 추정량인 $\hat{V}_{opt}(\bar{y}_{st})$을 계산하여야 하는데 모분산 대신 표본분산 $s_h(h=1,\ 2,\ \cdots,\ L)$을 사용하므로 다음과 같이 얻을 수 있다.

$$\hat{V}_{opt}(\bar{y}_{st}) = \frac{1}{N^2}\frac{1}{n}\left(\sum_h^L N_h s_h \sqrt{c_h}\right)\left(\sum_h^L \frac{N_h s_h}{\sqrt{c_h}}\right) - \frac{1}{N^2}\sum_h^L N_h s_h^2 \quad \text{(비복원)}$$

$$\hat{V}_{opt}(\bar{y}_{st}) = \frac{1}{N^2}\frac{1}{n}\left(\sum_h^L N_h s_h \sqrt{c_h}\right)\left(\sum_h^L \frac{N_h s_h}{\sqrt{c_h}}\right) \quad \text{(복원)}$$

• 예제 4.10

위의 [예제 4.8]을 역시 계속 사용하기로 하자. 모든 경우가 동일하고 단지 최적배분을 통해 95% 신뢰구간하에 허용오차를 2cm로 할 경우 분산고정과 비용고정에 의한 총 표본은 얼마이며 각 고정별 지역별 학생 수는 얼마인가? 또 복원과 비복원의 경우 분산을 얼마인지도 계산하여라.(총비용은 1,000,000원이라 하고 고정비용을 300,000원이라 하자.)

지역	학생수	키의 분산
1	3,400	150
2	2,300	175
3	1,200	165
합계	6,900	

풀이 $N=6{,}900,\ N_1=3{,}400,\ N_2=2{,}300,\ N_3=1{,}200$

$S_1^2=150,\ S_2^2=175,\ S_3^2=165$

$C=1{,}000{,}000,\ c_0=300{,}000,\ c_1=2{,}500,\ c_2=1.500,\ c_3=2{,}000$

$d=2,\ D=\left(\dfrac{2}{1.96}\right)^2=1.04$

분산 고정

$$n=\frac{(\sum N_hS_h\sqrt{c_h})(\sum N_hS_h/\sqrt{c_h})}{N^2D+\sum N_hS_h^2}=152.99 \fallingdotseq 153$$

따라서 최적배분을 통해 배분을 하면 다음과 같다.

$$n_h=\frac{N_hS_h/\sqrt{c_h}}{\sum_h (N_hS_h/\sqrt{c_h})}\cdot n \text{ 에서}$$

층 1; $n_1=\dfrac{N_1S_1/\sqrt{c_1}}{N_1S_1/\sqrt{c_1}+N_2S_2/\sqrt{c_2}+N_3S_3/\sqrt{c_3}}n$

$$n_1=\frac{3400\times\sqrt{150}/\sqrt{2500}}{3400\times\sqrt{150}/\sqrt{2500}+2300\times\sqrt{175}/\sqrt{1500}+1200\times\sqrt{165}/\sqrt{2000}}153$$

$=64.91 \fallingdotseq 65$

층 2; $n_2=\dfrac{N_2S_2/\sqrt{c_2}}{N_1S_1/\sqrt{c_1}+N_2S_2/\sqrt{c_2}+N_3S_3/\sqrt{c_3}}n$

$$n_2=\frac{2300\times\sqrt{175}/\sqrt{1500}}{3400\times\sqrt{150}/\sqrt{2500}+2300\times\sqrt{175}/\sqrt{1500}+1200\times\sqrt{165}/\sqrt{2000}}153$$

$=61.23 \fallingdotseq 61$

층 3; $n_3=\dfrac{N_3S_3/\sqrt{c_3}}{N_1S_1/\sqrt{c_1}+N_2S_2/\sqrt{c_2}+N_3S_3/\sqrt{c_3}}n$

$$n_3=\frac{1200\times\sqrt{165}/\sqrt{2000}}{3400\times\sqrt{150}/\sqrt{2500}+2300\times\sqrt{175}/\sqrt{1500}+1200\times\sqrt{165}/\sqrt{2000}}153$$

$=26.86 \fallingdotseq 27$

비용 고정

동일한 계산에 의해 구하면 다음과 같다.

$$n=\frac{(C-c_0)(\sum N_hS_h/\sqrt{c_h})}{\sum N_hS_h\sqrt{c_h}}$$

$$n=347.9 \fallingdotseq 348$$

$n_1=171.49 \fallingdotseq 171, n_2=116, n_3=60.52 \fallingdotseq 61$로 구해진다.

표본평균의 분산(분산고정의 경우)

$$V_{opt}(\overline{y}_{st})=\frac{1}{N^2}\frac{1}{n}\left(\sum_h^L N_h S_h\sqrt{c_h}\right)\left(\sum_h^L N_h S_h/\sqrt{c_h}\right)-\frac{1}{N^2}\sum_h^L N_h S_h^2 \qquad \text{(비복원)}$$

$$=\frac{1}{6900^2 \times 153}[(3400\times\sqrt{150}\times\sqrt{2500}+2300\times\sqrt{175}\times\sqrt{1500}+1200\times\sqrt{165}\times\sqrt{2000})$$

$$\times(3400\times\sqrt{150}/\sqrt{2500}+2300\times\sqrt{175}/\sqrt{1500}+1200\times\sqrt{165}/\sqrt{2000})]$$

$$-\frac{1}{6900}(3400\times150+2300\times175+1200\times165)=1.04$$

$$V_{opt}(\overline{y}_{st})=\frac{1}{N^2}\frac{1}{n}\left(\sum_h^L N_h S_h\sqrt{c_h}\right)\left(\sum_h^L N_h S_h/\sqrt{c_h}\right) \qquad \text{(복원)}$$

$$=\frac{1}{6900^2\times153}[(3400\times\sqrt{150}\times\sqrt{2500}+2300\times\sqrt{175}\times\sqrt{1500}+1200\times\sqrt{165}\times\sqrt{2000})$$

$$\times(3400\times\sqrt{150}/\sqrt{2500}+2300\times\sqrt{175}/\sqrt{1500}+1200\times\sqrt{165}/\sqrt{2000})]$$

$$=1.06$$

연습예제 4.10

위의 [연습예제 4.8]을 계속 사용하기로 하자. 모든 경우가 동일하고 단지 최적배분을 통해 95% 신뢰구간하에 허용오차를 10원으로 할 경우 분산고정과 비용고정에 의한 총 표본은 얼마이며 각 고정별 지역별 학생 수는 얼마인가? 또 비복원의 경우 분산을 얼마인지도 계산하여라.(총비용은 5,000,000원이라 하고 고정비용을 3,000,000원이라 하자.)

지역	학생수	용돈의 분산	추출 비용
1	5,400	3,300	1,000
2	5,000	4,200	2,200
3	3,200	4,100	1,700
합계	13,600		

4.6.4 네이만 배분(Neyman Allocation)

네이만 배분은 위에서 언급한 최적배분의 모든 식에서 모든 비용이 일정할 경우 ($c_1 = c_2 = \cdots = c_n$)로 특수한 경우라 할 수 있다.

최적배분에 비용이 일정하면 다음과 같은 배분 식을 얻는다.

$$n_h = \frac{N_h S_h}{\sum N_h S_h} \cdot n$$

이에 따라 각 평균의 표본의 크기를 정리하면 다음과 같다.

4.6.4.1. 분산고정

즉, $n = \dfrac{\sum N_h^2 S_h^2 / w_h}{N^2 D + \sum N_h S_h^2}$을 이용하여 w_h 대신에 다음을 대입하여 다음과 같은 n을 구할 수 있다.

$$w_h = \frac{n_h}{n} = \frac{N_h S_h}{\sum N_h S_h}$$

$$n = \frac{(\sum N_h S_h)^2}{N^2 D + \sum N_h S_h^2}$$

4.6.4.2 비용고정

비용고정이 경우 표본의 크기가 총 비용과 같이 계산되어 더 이상의 의미를 부여할 수 없다.

$$n = \frac{(C)(\sum N_h S_h)}{\sum N_h S_h} = C$$

4.6.4.3 표본평균의 분산

또한 층화임의추출의 평균의 분산 $V(\bar{y}_{st}) = \sum \left(\frac{N_h}{N} \right) \frac{N_h - n_h}{N_h} \frac{S_h}{n_h}$ 에 $n_h = \dfrac{N_h S_h}{\sum_h (N_h S_h)} \cdot n$를 대입하면 다음과 같은 최적배분에 의한 층화추출 평균 분산 식을 얻는다.

$$V_{Ney}(\bar{y}_{st}) = \frac{1}{N^2}\frac{1}{n}\left(\sum_h^L N_h S_h\right)^2 - \frac{1}{N^2}\sum_h^L N_h S_h^2 \qquad \text{(비복원)}$$

$$V_{Ney}(\bar{y}_{st}) = \frac{1}{N^2}\frac{1}{n}\left(\sum_h^L N_h S_h\right)^2 \qquad \text{(복원)}$$

4.6.4.4 $V_{Ney}(\bar{y}_{st})$의 추정량: $\hat{V}_{Ney}(\bar{y}_{st})$

일반적으로 각 층의 모분산 S_h $(h = 1, 2, \cdots, L)$은 알 수 없으므로 $V_{Ney}(\bar{y}_{st})$의 추정량인 $\hat{V}_{Ney}(\bar{y}_{st})$을 계산하여야 하는데 모분산 대신 표본분산 s_h $(h = 1, 2, \cdots, L)$을 사용하므로 다음과 같이 얻을 수 있다.

$$\hat{V}(\bar{y}_{st}) = \frac{1}{N^2}\frac{1}{n}\left(\sum_h^L N_h s_h\right)^2 - \frac{1}{N^2}\sum_h^L N_h s_h^2 \qquad \text{(비복원)}$$

$$\hat{V}(\bar{y}_{st}) = \frac{1}{N^2}\frac{1}{n}\left(\sum_h^L N_h s_h\right)^2 \qquad \text{(복원)}$$

• 예제 4.11

위의 [예제 4.8]을 역시 계속 사용하기로 하자. 모든 경우가 동일하고 단지 네이만 배분을 통해 95% 신뢰구간하에 허용오차를 2cm로 할 경우 분산고정에 의한 총 표본은 얼마이며 지역별 학생 수는 얼마인가? 또 복원과 비복원의 경우 분산을 얼마인지도 계산하여라.

지역	학생수	키의 분산
1	3,400	150
2	2,300	175
3	1,200	165
합계	6,900	

모든 자료가 다 동일하고 또 모든 비용이 동일($c_1 = c_2 = \cdots = c_n$)하므로 위에 언급한 식에 의해 다음과 같다.

분산 고정

$$n = \frac{(\sum N_h S_h)^2}{N^2 D + \sum N_h S_h^2} = 150.99 \fallingdotseq 151$$

따라서 네이만 배분을 통해 배분을 하면 다음과 같다.

$$n_h = \frac{N_h S_h}{\sum_h (N_h S_h)} \cdot n \text{ 에서}$$

$$\text{층 1: } n_1 = \frac{N_1 S_1}{N_1 S_1 + N_2 S_2 + N_3 S_3} n = 71.88 \fallingdotseq 72$$

$$\text{층 2: } n_2 = \frac{N_2 S_2}{N_1 S_1 + N_2 S_2 + N_3 S_3} n = 52.51 \fallingdotseq 53$$

$$\text{층 3: } n_3 = \frac{N_3 S_3}{N_1 S_1 + N_2 S_2 + N_3 S_3} n = 26.6 \fallingdotseq 27$$

네이만 배분은 비용을 고려하지 않는 경우이므로 비용 고정의 계산을 생략한다.

표본평균의 분산(분산고정의 경우)

$$V_{Ney}(\overline{y}_{st}) = \frac{1}{N^2} \frac{1}{n} \left(\sum_h^L N_h S_h \right)^2 - \frac{1}{N^2} \sum_h^L N_h S_h^2 = 1.04 \qquad \text{(비복원)}$$

$$V_{Ney}(\overline{y}_{st}) = \frac{1}{N^2} \frac{1}{n} \left(\sum_h^L N_h S_h \right)^2 = 1.06 \qquad \text{(복원)}$$

연습예제 4.11

위의 [연습예제 4.8]을 계속 사용하기로 하자. 모든 경우가 동일하고 단지 네이만 배분을 통해 95% 신뢰구간하에 허용오차를 10원으로 할 경우 분산고정에 의한 총 표본은 얼마이며 지역별 학생 수는 얼마인가? 또 비복원의 경우 분산을 얼마인지도 계산하여라.

지역	학생수	용돈의 분산
1	5,400	3,300
2	5,000	4,200
3	3,200	4,100
합계	13,600	

4.7 | 총계추정의 경우 표본의 크기 추정

위에서 지금까지 평균을 추정할 경우에 표본의 크기를 생각하여 보았다. 여기서는 간단하게 평균이 아닌 총계를 추정하기 위한 배분방법을 알아보기로 한다. 여기서는 비용고정보다는 분산고정을 중심으로 표본의 크기 추정과 분산에 대해 간단히 요약하여 알아보기로 한다.

4.7.1 균등배분

균등배분

$$n_h = \frac{n}{L}$$

모총계($\hat{\tau}_{st}$)의 추정량

$$\hat{\tau}_{uni} = N\bar{y}_{uni} = N\frac{1}{n}\sum_h^L n_h \bar{y}_h$$

분산 고정

$$n = \frac{\sum N_h^2 S_h^2 / \frac{1}{L}}{N^2 D + \sum N_h S_h^2} = \frac{L\sum N_h^2 S_h^2}{N^2 D + \sum N_h S_h^2}$$

여기서 $D = \left(\frac{d}{Nz}\right)^2$ 이다.

추정 총계의 분산은 $V_{uni}(\hat{\tau}_{st}) = N^2 V_{uni}(\bar{y}_{st})$ 평균의 분산에 N^2을 곱한 식이 될 것이다.

$$V_{uni}(\hat{\tau}_{st}) = \sum_h^L N_h^2 \frac{LN_h - n}{N_h} \frac{S_h^2}{n} \qquad \text{(비복원)}$$

$$V_{uni}(\hat{\tau}_{st}) = \sum N_h^2 \frac{LS_h^2}{n} \qquad \text{(복원)}$$

4.7.2 비례배분

비례배분

$$n_h = \frac{N_h}{N}n$$

모총계(τ)의 추정량

$$\hat{\tau}_{prop} = N\bar{y}_{prop} = N\frac{1}{n}\sum_{h}^{L}\sum_{j}^{n_h} y_{hj}$$

분산 고정

$$n = \frac{\sum N_h^2 S_h^2 \,/\, \left(\frac{N_h}{N}\right)}{N^2 D + \sum N_h S_h^2} = \frac{\sum N_h S_h^2}{ND + \frac{1}{N}\sum N_h S_h^2}$$

여기서 $D = \left(\frac{d}{Nz}\right)^2$ 이다.

표본 총계의 분산

$$V_{prop}(\hat{\tau}_{st}) = \sum N_h^2 \frac{N_h - \frac{N_h}{N}\cdot n}{N_h} \frac{S_h^2}{\frac{N_h}{N}\cdot n} = \frac{N(N-n)}{N}\sum\frac{N_h S_h^2}{n} \qquad \text{(비복원)}$$

$$V_{prop}(\hat{\tau}_{st}) = N\sum\frac{N_h S_h^2}{n} \qquad \text{(복원)}$$

4.7.3 최적배분

총계추정을 위한 최적배분의 경우 평균의 경우와 동일하게 표본의 크기를 구하는 식은 동일하나 분산에서 차이가 발생한다. 즉 표본의 크기는 다음과 같이 평균과 동일하다.

$$n_h = \frac{N_h S_h \,/\, \sqrt{c_h}}{\sum_h (N_h S_h \,/\, \sqrt{c_h})} \cdot n$$

분산고정

$$n = \frac{(\sum N_h S_h \sqrt{c_h})(\sum N_h S_h / \sqrt{c_h})}{N^2 D + \sum N_h S_h^2}$$

여기서 $D = \left(\frac{d}{Nz}\right)^2$ 이다.

표본 총계의 분산

표본총계 분산의 경우 $V_{opt}(\hat{\tau}_{st}) = N^2 V_{opt}(\overline{y}_{st})$ 평균의 분산에 N^2을 곱하면 된다.

$$V_{opt}(\hat{\tau}_{st}) = N^2 \left[\frac{1}{N^2} \frac{1}{n} \left(\sum_h^L N_h S_h \sqrt{c_h} \right) \left(\sum_h^L \frac{N_h S_h}{\sqrt{c_h}} \right) - \frac{1}{N^2} \sum_h^L N_h S_h^2 \right] \quad \text{(비복원)}$$

$$V_{opt}(\hat{\tau}_{st}) = \frac{1}{n} \left(\sum_h^L N_h S_h \sqrt{c_h} \right) \left(\sum_h^L \frac{N_h S_h}{\sqrt{c_h}} \right) \quad \text{(복원)}$$

4.7.4 네이만 배분

네이만 배분의 경우도 최적배분의 경우와 동일하다.

$$n_h = \frac{N_h S_h}{\sum N_h S_h} \cdot n$$

분산고정

$$n = \frac{(\sum N_h S_h)^2}{N^2 D + \sum N_h S_h^2}$$

여기서 $D = \left(\frac{d}{Nz}\right)^2$ 이다.

표본총계의 분산

$$V_{Ney}(\hat{\tau}_{st}) = N^2 \left[\frac{1}{N^2} \frac{1}{n} \left(\sum_h^L N_h S_h \right)^2 - \frac{1}{N^2} \sum_h^L N_h S_h^2 \right] \quad \text{(비복원)}$$

$$V_{Ney}(\hat{\tau}_{st}) = \frac{1}{n} \left(\sum_h^L N_h S_h \right)^2 \quad \text{(복원)}$$

예제 4.12

운송회사의 규모에 따라 세 개의 층을 나누인 1,000개의 운송회사를 대상으로 월간 총 보험비 지급액(단위 백만원)을 조사하고자 한다. 먼저 모든 운송회사의 총 보험비 지급액을 추정하라. 일단 총 표본을 50개 회사를 추출하였지만 만일 최대허용오차가 2백만원이라면 95% 신뢰수준하에서 표본을 얼마를 추출해야 하나? 또 그에 따른 총계 추정치의 분산, $\hat{V}(\hat{\tau}_{st})$을 추정하여라. 또 $\hat{\tau}_{st}$의 95% 신뢰구간을 구하여라.

층	N_h	n_h	$\overline{y_h}$	s_h
1. 소형	500	25	12	0.04
2. 중형	300	15	26	0.02
3. 대형	200	10	47	0.06
	1000	50		

풀이

$$N=1000,\ N_1=500,\ N_2=300,\ N_3=200$$
$$n_1=25,\ n_2=15,\ n_3=10$$
$$\overline{y_1}=12,\ \overline{y_2}=26,\ \overline{y_3}=47$$
$$s_1=0.04,\ s_2=0.02,\ s_3=0.06$$
$$d=2,\ z=1.96$$
$$D=\left(\frac{2}{1000\times 1.96}\right)^2=1.04\times\frac{1}{10^6}$$

따라서 모든 운송회사의 총 보험료 지급액은 다음과 같다.

$$\hat{\tau}=500\times 12+300\times 26+200\times 47=23,200\text{백만원}$$

이다.

네이만 배분의 경우도 표본의 크기를 먼저 정해야 하므로 다음 식을 사용한다. 모집단분산을 사용할 수 없으므로 표본분산을 사용하기로 한다.

$$n=\frac{(\sum N_h s_h)^2}{N^2D+\sum N_h s_h^2}$$
$$=\frac{(500\times 0.04+300\times 0.02+200\times 0.06)^2}{1000^2\times 1.04\times\frac{1}{10^6}+(500\times 0.04^2+300\times 0.02^2+200\times 0.06^2)}$$
$$=538.81 ≒ 539$$

이다. 따라서

$$n_h = \frac{N_h s_h}{\sum N_h s_h} \cdot n$$

$$n_1 = \frac{500 \times 0.04}{(500 \times 0.04 + 300 \times 0.02 + 200 \times 0.06)} 539 = 283.68 \fallingdotseq 284$$

$$n_2 = 85.10 \fallingdotseq 85$$

$$n_3 = 171.21 \fallingdotseq 170$$

표본 총계의 분산

$$\widehat{V}_{Ney}(\hat{\tau}_{st}) = N^2 \left[\frac{1}{N^2} \frac{1}{n} \left(\sum_h^L N_h s_h \right)^2 - \frac{1}{N^2} \sum_h^L N_h s_h^2 \right] \quad \text{(비복원)}$$

$$= 1.039$$

$$\widehat{V}_{Ney}(\hat{\tau}_{st}) = \frac{1}{n} \left(\sum_h^L N_h s_h \right)^2 \quad \text{(복원)}$$

$$= 2.679$$

복원인 경우에 신뢰구간을 구하면 다음과 같다.

$$\hat{\tau} \pm 1.96 \sqrt{\widehat{V}(\hat{\tau})} = 23200 \pm 1.96 \times \sqrt{(2.679)} = 23200 \pm 3.21$$

이다.

연습예제 4.12

병상 규모에 따라 3개의 층을 나누어 330개의 병원을 대상으로 연간 총 환자 수를 추정하고자 한다. 일단 총 표본을 각각 20개 병원을 추출하였을 때 다음과 같은 결과를 얻었다 하자. 먼저 모든 병원의 총 환자 수를 추정하라. 만일 최대허용오차가 10명이라면 95% 신뢰수준하에서 병원을 얼마를 추출해야 하나? 또 그에 따른 총계 추정치의 분산, $\widehat{V}(\hat{\tau}_{st})$을 추정하여라. 또 $\hat{\tau}_{st}$의 95% 신뢰구간을 구하여라.

층	N_h	n_h	$\bar{y}_h$	s_h
1. 소형	120	20	47	0.3
2. 중형	100	20	58	0.4
3. 대형	110	20	93	0.7
	330	60		

4.8 | 비율 추정의 경우 표본의 배분

비율추정의 경우의 평균추정의 식들을 그대로 사용하면 된다. 단지 관찰값이 0 아니면 1의 값들을 가질 뿐이다. 층화임의추출법에서 표본비율의 분산 $V(\hat{p}_{st})$은 비복원인 경우 다음과 같이 정의하였다.

$$V(\hat{p}_{st}) = \frac{1}{N^2}\sum_h^L N_h^2 \frac{N_h - n_h}{N_h - 1}\frac{p_h q_h}{n_h}$$

$$\fallingdotseq \frac{1}{N^2}\sum_h^L N_h^2 \frac{N_h - n_h}{N_h}\frac{p_h q_h}{n_h}$$

따라서 평균추정의 분산식과 비교하면 $S_h^2 = p_h q_h$만 차이가 있음을 알 수 있다. 따라서 모든 평균 추정식에 $S_h^2 = p_h q_h$만 변환하여 값을 얻을 수 있다. 비율추정의 경우 균등배분, 비례배분은 생략하고 최적배분과 네이만 배분만 살펴보기로 하자.

4.8.1 최적배분(Optimal Allocation)

최적배분

$$n_h = \frac{N_h\sqrt{p_h q_h}\,/\,\sqrt{c_h}}{\sum_h (N_h\sqrt{p_h q_h}\,/\,\sqrt{c_h})}\cdot n$$

분산고정

$$n = \frac{(\sum N_h\sqrt{p_h q_h}\,\sqrt{c_h})(\sum N_h\sqrt{p_h q_h}\,/\,\sqrt{c_h})}{N^2 D + \sum N_h p_h q_h}$$

$$D = \left(\frac{d}{z}\right)^2$$

표본비율의 분산

$$V_{opt}(\hat{p}_{st}) = \frac{1}{N^2}\frac{1}{n}\left(\sum_h^L N_h\sqrt{p_h q_h}\,\sqrt{c_h}\right)\left(\sum_h^L \frac{N_h\sqrt{p_h q_h}}{\sqrt{c_h}}\right) - \frac{1}{N^2}\sum_h^L N_h p_h q_h \quad \text{(비복원)}$$

$$V_{opt}(\bar{y}_{st}) = \frac{1}{N^2}\frac{1}{n}\left(\sum_h^L N_h\sqrt{p_h q_h}\sqrt{c_h}\right)\left(\sum_h^L \frac{N_h\sqrt{p_h q_h}}{\sqrt{c_h}}\right) \quad \text{(복원)}$$

4.8.2 네이만 배분

네이만 배분

$$n_h = \frac{N_h\sqrt{p_h q_h}}{\sum_h (N_h\sqrt{p_h q_h})}\cdot n$$

분산고정

$$n = \frac{(\sum N_h\sqrt{p_h q_h})^2}{N^2 D + \sum N_h p_h q_h}$$

$$D = \left(\frac{d}{z}\right)^2$$

표본비율의 분산

$$V_{Ney}(\hat{p}_{st}) = \frac{1}{N^2}\frac{1}{n}\left(\sum_h^L N_h\sqrt{p_h q_h}\right)^2 - \frac{1}{N^2}\sum_h^L N_h p_h q_h \quad \text{(비복원)}$$

$$V_{Ney}(\hat{p}_{st}) = \frac{1}{N^2}\frac{1}{n}\left(\sum_h^L N_h\sqrt{p_h q_h}\right)^2 \quad \text{(복원)}$$

예제 4.13

[예제 4.7]에서 종업원 정원이 102명과 130명이 있는 회사에서 비복원으로 20명과 25명을 추출하여 단독주택 아닌 아파트에 사는 종업원 수를 조사한 결과 각각 12명과 17명으로 조사되었다고 하였다. 최대허용오차를 비율의 0.02로 하고 95% 신뢰수준하에 조사를 할 경우 표본을 얼마나 뽑아야 하며 각 회사별로는 얼마나 배분해야 하는가? 또한 이 경우에 비율 추정치의 분산도 구하여라.

풀이 앞서 계산을 했지만 총 두 회사의 아파트에 사는 비율과 비율의 분산을 추정은 다음과 같다.

$N_1 = 102,\ N_2 = 130,\ n_1 = 20,\ n_2 = 25$이고 $\hat{p}_1 = \frac{12}{20} = 0.60,\ \hat{p}_2 = \frac{17}{25} =$

0.68이다. 따라서 $\hat{p}_{st} = 0.645$.

또한

$$\hat{V}(\hat{p}_{st}) = \frac{1}{N^2}\sum_{h}^{L} N_h^2 \frac{N_h - n_h}{N_h} \frac{\hat{p}_h \hat{q}_h}{n_h - 1}$$
$$= 0.49$$

이다.

분산을 고정할 경우에 표본의 크기는 다음과 같이 계산된다.

$$n = \frac{(\sum N_h \sqrt{\hat{p}_h \hat{q}_h})^2}{N^2 D + \sum N_h \hat{p}_h \hat{q}_h}$$
$$= \frac{(102 \times \sqrt{0.6 \times 0.4} + 130 \times \sqrt{0.68 \times 0.32})^2}{232^2 \times \left(\frac{0.02}{1.96}\right)^2 + 102 \times 0.6 \times 0.4 + 130 \times 0.68 \times 0.32}$$
$$= 209.60 \fallingdotseq 210$$
$$D = \left(\frac{d}{z}\right)^2$$

이다. 따라서 각 회사별 표본의 크기는 다음과 같다.

$$n_h = \frac{N_h \sqrt{\hat{p}_h \hat{q}_h}}{\sum_h (N_h \sqrt{\hat{p}_h \hat{q}_h})} \cdot n$$

$$n_1 = \frac{(102 \times \sqrt{0.6 \times 0.4})}{(102 \times \sqrt{0.6 \times 0.4} + 130 \times \sqrt{0.68 \times 0.32})} \times 210 = 94.86 \fallingdotseq 95$$

$$n_2 = \frac{(130 \times \sqrt{0.68 \times 0.32})}{(102 \times \sqrt{0.6 \times 0.4} + 130 \times \sqrt{0.68 \times 0.32})} \times 210 = 115.13 \fallingdotseq 115$$

분산은 복원인 경우에 다음과 같이 계산된다.

$$\hat{V}_{Ney}(\hat{p}_{st}) = \frac{1}{N^2}\frac{1}{n}\left(\sum_{h}^{L} N_h \sqrt{\hat{p}_h \hat{q}_h}\right)^2$$
$$= \frac{1}{232^2}\frac{1}{210}(102 \times \sqrt{0.6 \times 0.4} + 130 \times \sqrt{0.68 \times 0.32}))^2$$
$$= 0.001082$$

○ 연습예제 4.13

[연습예제 4.7]에서 주차 공간이 100개, 80개를 갖춘 두 건물에 임의로 주차 공간 20개씩을 조사하였더니 다음과 같은 결과가 나왔다고 하였다. 다음은 주차시설의 주차 유무이다. 주차시설에 차가 주차되어 있는 경우에는 1, 그렇지 않은 경우에는 0이다.

건물	주차 유무
건물 1	1 1 0 1 0 1 1 0 0 1 0 1 0 0 1 1 0 0 0 1
건물 2	1 1 0 1 0 1 0 1 1 1 0 1 1 1 0 1 1 0 0 1

최대허용오차를 비율의 0.05로 하고 95% 신뢰수준하에 조사를 할 경우 표본을 얼마나 뽑아야 하며 주차공간별로는 얼마나 배분해야 하는가? 또한 이 경우에 비율 추정치의 분산도 구하여라.

4.9 | 변수가 여러 개일 경우(다변량)의 배분문제

실제적으로 하나의 변수만을 추정하기 위해서 연구계획을 세우지 않는 것이 사실이다. 따라서 변수가 둘 이상일 때가 많은데 변수가 둘 이상일 때는 변수 간의 연관성이 있으므로 일반적인 일변량에서의 배분방법을 적용시킬 수가 없다. 즉 한 변수의 분산을 줄이는 배분방법을 사용하면 다른 변수의 분산을 증가시키는 결과를 초래하기 때문이다. 따라서 주어진 비용하에서 모든 변수의 추정치의 분산을 줄이는 방법은 불가능하다. 이런 문제점을 해결하는 방법으로 Neyman(1934)은 다음과 같이 언급하고 있다.

> "여러 변수가 있을 때 일반적으로 변수들 중 하나가 다른 것보다 중요하다는 것을 찾아내는 일은 어렵지 않다. 그러한 경우 주위에 표본 수를 조정해야 할 것이다. 또 다르게 만일 특성치의 중요도가 비슷하다면 기초가 되는 특성치를 찾거나 관심이 되는 것들과 상관있는 성질을 갖는 변수들을 찾아볼 수 있다. (중략) 그러나 만일 한 변수가 다른 변수들 간에 상관이 없다면 '우리가 할 수 있는 가장 최

선의 방법은 층의 크기에 비례하게 표본을 뽑는 것이다.'"

또 비례배분을 제시한 Bowley(1925)는 Neyman(1934)의 논문을 다음과 같이 언급하고 있다.

> "이 논문에서 나타난 중요한 점은 한 목적에 의해 조사된 단위의 선택이 반드시 다른 목적에도 최상이 된다는 것은 아니라는 것을 나타내고 있다. (중략) 따라서 이러한 종류의 목적에 추천할 만한 것은 층화임의추출이다."

일반적으로 다변량의 경우에 이론적인 최적배분문제는 1940년대 Snedecor and King(1942), Mahalanobis(1944), Geary(1949)들에 의해 '상대효율'로부터 시작되었다. 그후 1950년대 Dalenius를 비롯한 다양한 방법들이 제시되었다. 특히 다변량 층화임의추출법의 경우에 있어서 분산에 대해 여러 가지 제약식이 주어진 경우에 조사비용을 최소로 하는 방법으로 Dalenius(1953, 1957)를 비롯한 여러 학자의 연구가 있었다. 다음은 다변량의 경우 간단한 최적배분방법을 언급하고 있다.

4.9.1 비례배분

앞서 언급한 것처럼 단순히 모집단에 비례해서 표본을 배분하는 가장 간단한 방법이다. 여러 가지의 방법의 비교를 통해 경우에 따라서는 좋을 수 있으나 대부분의 경우에는 표본의 분산이 다른 경우에 비해 크므로 사용시 주의를 요구한다.

4.9.2 최적 층화의 평균에 의한 방법

역시 간단한 방법으로 각 변수에 대하여 각 층화 별로 최적 배분을 하고 각 층별로 최적표본의 크기의 평균을 얻는 방법이다. 효율에 비해 비교적 가장 쉬운 방법이다.

4.9.3 공분산행렬의 행렬식(일반화 분산)을 사용하는 방법

4.9.3.1 일반화 분산을 그대로 사용하는 방법

일변량 최적배분에서 분산을 사용하듯이 2개 이상의 변수 간에는 자연스레 서로의 변수간에 연관성이 있으므로 공분산행렬을 생각할 수 있다. 따라서 그 공분산행렬의 일반화 분산을 사용하는 방법이다.

4.9.3.2 일반화 분산을 최소로 하는 방법을 사용

Ghosh(1958)는 일반화 분산을 최소로 하는 방법을 제시하였다. 이는 공분산행렬의 일반화 분산을 n_h에 대해 미분하여 최소로 하는 값을 찾아내 배분하는 방법이다.

4.9.4 사전에 분산을 명시하는 방법(프로그램기술을 이용하는 방법)

사전에 분산을 명시하는 방법은 변수별로 최소분산 값을 정해 놓고 그 조건을 만족하는 가장 적은 표본의 크기를 구하는 것이다.

이 외에도 최적 배분에서 편의된 분산에서의 비례증감의 평균을 최소화하는 방법과 일변량 분산함수를 사용하는 방법 등이 있다.

4.10 | 콜랩스층($n_h = 1$)

층을 결합하여 군을 만들고, 각 층에서 표본단위를 1개만 추출하는 방법을 콜랩스층(Collapsed Strata)법이라 한다. 콜랩스층을 만들면 추정량의 분산 $V(\hat{y}_{st})$의 추정량이 과소추정을 하기 때문에 추정량의 정확성을 올바르게 나타내지 못하는 단점이 있다.

4.11 | 최적층화

일반적으로 모집단이 몇 개의 층으로 나누어져 있는 경우가 대부분이지만 때에 따라서는 층을 나누어야 할 경우가 발생한다. 본 절에서는 모집단이 층이 나누어져 있지 않은 경우 층을 나누는 방법, 모집단의 층화를 결정하는 방법에 대해 언급하고자 한다. 층화임의추출에서 최적층화란 N개의 모집단을 원하는 구간만큼 적절히 구분하는 것을 말한다. 먼저 함수 $f(y)$의 모집단 N개를 구간 $(a,\ b)$로 바꾸는 것이 필요하다. 그러므로 이 모집단을 편리하게 L개의 층으로 나눌 수 있다. L개의 층을 형성하려면

$L-1$개의 경계점을 정하여야 한다. 이들 경계점을 정하는 것은 표본추출방법과 층의 개수, 층별 표본배분이 미리 결정되었을 때 분산을 최소로 하는 점들이어야 하며 이와 같은 점을 층화의 최적경계점(optimum point of stratification)이라 한다. h층의 크기는 다음과 같이 주어진다.

$$W_h = \int_{y_{h-1}}^{y_h} f(t)dt$$

여기서 $f(\cdot)$는 조사하고자 하는 변수의 분포함수이다.

다음과 같은 모집단의 평균을 추정하기 원할 경우에 최적층화 문제를 다루게 된다. 즉,

$$\mu = \int_a^b tf(t)dt = \sum W_h \mu_h$$

여기서 $W_h = \dfrac{N_h}{N}$, $\mu_h = \dfrac{1}{W_h}\displaystyle\int_{y_{h-1}}^{y_h} tf(t)dt$이다.

복원의 경우 층화임의추출법의 표본평균의 분산은 다음과 같다.

$$V(\bar{y}_{st}) = \sum \frac{(W_h S_h)^2}{n_h} \quad (W_h = \frac{N_h}{N})$$

여기서 $S_h^2 = \dfrac{1}{W_h}\displaystyle\int_{y_{h-1}}^{y_h} t^2 f(t)dt - \mu_h^2$이다. 따라서 비례배분의 경우에는 $n_h = \dfrac{N_h}{N} \cdot n = W_h \cdot n$이므로 복원의 경우에 분산은 $V_{prop}(\bar{y}_{st}) = \sum \dfrac{W_h S_h^2}{n_h}$이고 역시 네이만 배분의 경우에는 $n_h = \dfrac{N_h S_h}{\sum N_h S_h} \cdot n = \dfrac{W_h S_h}{\sum W_h S_h} \cdot n$이므로 복원의 경우에

$$V_{Ney}(\bar{y}_{st}) = \frac{(\sum W_h S_h)^2}{n}$$

이 된다.

모집단 $f(y), a \le y \le b$를 L개의 층으로 나눈다 가정하자. 즉, $a = y_o < y_1 < \cdots < y_{L-1} < y_L = b$. μ의 추정치로 $\hat{y}_{st} = \sum W_h \hat{y}_h$를 생각할 수 있다. 이 추정치의 분산은 $V(\bar{y}_{st}) = \sum W_h^2 V(\hat{y}_{st})$이다. 주어진 L에 대해서 분산은 표본배분에 의존한다. 주어진 배분에서 다음 식을 최소로 하는 층화점은 다음 식을 통해 얻어진다.

$$\frac{\partial V(\hat{y}_{st})}{\partial y_h} = 0$$

① 비례배분

비례배분에서는 $V(\overline{y}_{prop}) = \sum \frac{W_h S_h^2}{n_h}$를 최소로 하는 $y_1, y_2, \cdots, y_{L-1}$을 구하는 것이다. 그 결과는 다음과 같다.

$$y_h = \frac{\mu_h + \mu_{h-1}}{2} = \frac{1}{2}\left[\frac{\int_{y_{h-1}}^{y_h} tf(t)dt}{\int_{y_{h-1}}^{y_h} f(t)dt} + \frac{\int_{y_h}^{y_{h+1}} tf(t)dt}{\int_{y_h}^{y_{h+1}} f(t)dt}\right]$$

② 최적배분

비례배분에서는 $V(\overline{y}_{opt}) = \frac{(\sum W_h S_h)^2}{n}$를 최소로 하는 $y_1, y_2, \cdots, y_{L-1}$을 구하는 것이다. 그 결과는 다음과 같다.

$$\frac{(y_h^2 - \mu_h)^2 + S_h^2}{S_h} = \frac{(y_h^2 - \mu_{h+1})^2 + S_{h+1}^2}{S_{h+1}}$$

의 해가 된다.

위 식은 μ_h와 S_h가 y_h에 의존해 있으므로 실제로 계산하기가 쉽지가 않다. 따라서 그에 대한 대안으로 다음과 같은 근사적인 방법들이 연구되어 왔다.

(1) Dalenius와 Gurney(1951)은 각층의 $W_h S_h$를 같도록 층화하고 동일하게 배분을 적용하면 최적층화와 같다는 것을 증명하였다. 이 방법은 각 층의 모표준편차를 계산하여야 하기 때문에 실제 문제에 적용하기에는 어렵다.

(2) Mahalanobis(1952)는 층별 총계 $N_h \mu_h$를 같게 하고 동일하게 배분을 하면 최적층화와 같은 효과를 얻을 수 있다고 하였다. 이 방법은 층화작업이 간단하고 실용적인 장점이 있다.

(3) Dalenius와 Hodges(1957)는 변수 y에 대해 $\sqrt{f(y)}$의 누적도수를 균등화하는 방법을 제안하였다. 이를 누적 평방근 방법(cum-root-rule)이라 하며 분포가 유한이고 층수가 클 때 적용된다.

(4) Madow(1953)은 층별 변이계수 $CV_h(\overline{y})$를 같게 하면 최적층화와 거의 같은 결

과를 얻게 된다고 하였다.

(5) Ekman(1959)은 층의 범위 R_h, 즉 층 내 y값의 범위를 이용하여 $W_h R_h$를 같게 하고, 균등화를 적용하는 방법을 제안하였다. Hess, Sethi, Balakrishnan(1966)과 Murthy(1976)은 이 방법에 의한 결과가 좋다고 하였다.

4.12 | 층화임의추출에서 분산분석

층화임의추출에서 분산분석을 이용하면 각 배분방법에 대한 효율성을 좀더 쉽게 볼 수 있다. 즉, 분산분석을 통해 층간의 평균의 차이가 없다면 굳이 층화임의추출을 사용할 필요가 없다. 그러나 층간에 평균의 차이가 존재한다면 층화추출로서 적절하다고 볼 수 있다. 따라서 모집단을 기준으로 층으로 나누어진 자료는 다음과 같은 분산분석표를 만들 수 있다(박홍래, 2000).

요인	자유도	제곱합	평균제곱
층간(SSB)	$L-1$	$\sum_h^L N_h(\mu_h-\mu)^2$	MSB
층내(SSW)	$\sum_h^L (N_h-1)$	$\sum_h^L \sum_i^{N_0} (y_{hi}-\mu_h)^2$	MSW
총 계	$N-1$	$\sum_h^L \sum_i^{N_0} (y_{hi}-\mu)^2$	MST

여기서 평균제곱은 다음과 같이 정의된다.

$$MST=\frac{\sum_h^L \sum_i^{N_h}(y_{hi}-\mu)^2}{N-1},\quad MSB=\frac{\sum_h^L N_h(\mu_h-\mu)^2}{L-1},\quad MSW=\frac{\sum_h^L \sum_i^{N_h}(y_{hi}-\mu_h)^2}{\sum_h^L (N_h-1)},$$

$$S_B^2=\frac{\sum_h^L(\mu_h-\mu)^2}{L-1},\quad S_w^2=\frac{\sum_h^L \sum_i^{N_h}(y_{hi}-\mu_h)^2}{\sum_h^L (N_h-1)}$$

총 평균제곱 MST는 단순임의 추출의 모분산 S^2과 동일하며 층내 평균제곱

MSW는 $N_h - 1 \fallingdotseq N_h$일 경우 $\overline{S_w^2} = \frac{\sum_h^L N_h S_h^2}{N}$로 S_h^2의 가중평균이 된다. 복원인 경우 층화임의추출에서 비례배분을 통한 분산을 분산의 평균제곱으로 나타내면 다음과 같다.

$$V_{prop}(\hat{y}_{st}) = \frac{MSW}{n}$$

따라서 역시 복원의 경우의 단순임의추출에 대한 비례배분의 상대효율은 다음과 같다.

$$RE(\bar{y}_{prop} \mid \bar{y}) = \frac{V(\bar{y})}{V_{prop}(\hat{y}_{st})} = \frac{\frac{S^2}{n}}{\frac{\overline{S_w^2}}{n}}$$

$$= \frac{S^2}{\overline{S_w^2}} = \frac{MST}{MSW}$$

또한 표본의 경우 분산분석표는 다음과 같이 만들어질 수 있다. 이를 근거로 복원의 경우의 단순임의추출에 대한 비례배분의 상대효율의 추정량은 다음과 같다.

$$\widehat{RE}(\bar{y}_{prop} \mid \bar{y}) = \frac{\widehat{V}(\bar{y})}{\widehat{V}_{prop}(\hat{y}_{st})} = \frac{\frac{s^2}{n}}{\frac{\overline{s_w^2}}{n}}$$

$$= \frac{s^2}{\overline{s_w^2}} = \frac{MS(t)}{MS(w)}$$

분산분석표(표본의 경우)

요인	자유도	제곱합	평균제곱
층간(SSB)	$L-1$	$\sum_h^L n_h (y_h - \bar{y}_{st})^2$	$MS(b)$
층내(SSW)	$\sum_h^L (n_n - 1)$	$\sum_h^L \sum_i^{n_h} (y_{hi} - \bar{y}_h)^2$	$MS(w)$
총 계	$n-1$	$\sum_h^L \sum_i^{n_h} (y_{hi} - \bar{y}_{st})^2$	$MS(t)$

예제 4.14

다음과 같이 모집단이 4개의 층화로 되어있고 각 층마다 단위의 개수가 10이라 하자. 여기서 비례배분을 통하여 각 층마다 4씩을 뽑아 다음과 같이 얻어졌다고 하자.

층	1	2	3	4
	9 8 7 6	9 5 7 3	10 1 7 4	14 6 10 18

1) 표본분산분석표를 작성하고 비례배분에 의한 층화추출이 단순임의 추출보다 효율적인가를 보여라. 즉 단순임의추출에 대한 비례배분에 의한 층화추출의 상대효율을 구하여라.
2) 총 표본의 개수가 16이므로 이 경우 비례배분에 의한 분산 $\widehat{V}_{prop}(\overline{y}_{st})$를 계산하여라.

풀이 1) 표본분산분석표는 다음과 같이 계산된다.

표본 일원배치 분산분석			
	자유도	제곱합	평균 제곱
층간	3	105.000	35.00
층내	12	150.000	12.50
총계	15	255.000	17

SPSS 결과

일원배치 분산분석					
	제곱합	df	평균 제곱	F	유의확률
집단-간	105.000	3	35.000	2.800	0.085
집단-내	150.000	12	12.500		
합계	255.000	15			

$\widehat{RE}(\overline{y}_{prop}|\overline{y}) = \dfrac{s^2}{s_w^2} = \dfrac{MS(t)}{MS(w)} = \dfrac{17}{12.5} = 1.36$이므로 비례배분에 의한 층화임의추출이 단순임의추출보다 효율이 높다.

2) $\widehat{V}_{prop}(\overline{y}_{st}) = \dfrac{N-n}{N}\dfrac{MS(w)}{n} = \dfrac{40-16}{40}\left(\dfrac{12.5}{16}\right) = \dfrac{3}{5}(1.25) = 0.4688$

연습예제 4.14

[연습예제 4.1]에서 어느 지역별 한 달 동안 읽는 책의 권 수이다. A도시에서 130가구 중 22가구를 B도시에서 154가구 중 24가구, C도시에서 99가구 중 17가구를 추출하여 나온 결과는 다음과 같다 하였다.

A	B	C
2 3 4 3 6 4 2 3 4 3 4	4 5 3 3 4 5 6 4 5 4 3 4	6 5 7 8 6 5 4 6 5
3 4 2 6 4 3 4 5 6 4 3	2 5 6 4 5 6 7 5 4 6 5 6	6 5 6 7 6 5 5 6
$N_1 = 130$	$N_2 = 154$	$N_3 = 99$
$n_1 = 22$	$n_2 = 24$	$n_3 = 17$

1) 표본분산분석표를 작성하고 비례배분에 의한 층화추출이 단순임의 추출보다 효율적인가를 보여라. 즉 단순임의추출에 대한 비례배분에 의한 층화추출의 상대효율을 구하여라.
2) 비례배분에 의한 분산 $\hat{V}_{prop}(\overline{y}_{st})$를 계산하여라.

4.13 | 단순임의추출과 층화임의추출의 비교

4.13.1 단순임의추출과 비례배분에 의한 층화임의추출의 비교

본 절에서는 단순임의추출과 층화임의추출간의 분산을 통해 효율성을 보기로 한다. 특히 단순임의추출과 비례배분에 의한 층화임의추출, 비례배분에 의한 층화임의추출과 최적배분에 의한 층화임의추출을 비교하기로 한다. 층화임의추출의 평균 분산을 다음과 같이 표현할 수 있다.

모분산(σ^2)

$$\sigma^2 = \frac{1}{N}\sum_{h}^{L}\sum_{j}^{N_h} (y_{hj} - \mu)^2$$

$$= \frac{1}{N}\sum_{h}^{L}\sum_{j}^{N_h} [y_{hj} - \mu_h + \mu_h - \mu]^2$$

$$= \frac{1}{N}\ [\sum^{L}\sum^{N_h}(y_{hj}-\mu_h)^2 + \sum^{L} N_h(\mu_h-\mu)^2]$$

$$= \frac{1}{N}\sum^{L} N_h\,\sigma_h^2 + \frac{1}{N}\sum^{L} N_h(\mu_h-\mu)^2$$

$$= \sigma_w^2 + \sigma_b^2$$

이는 $\sigma_w^2 = \frac{1}{N}\sum^{L} N_h\sigma_h^2$를 우리는 층내분산(variance within strata)이라 하고 $\sigma_b^2 = \frac{1}{N}\sum^{L} N_h(\mu_h-\mu)^2$를 층간분산(variance between strata)이라 한다.

이번에는 단순임의추출의 평균의 분산을 복원일 경우 다음과 같이 쓸 수 있다.

$$V(\bar{y}) = \frac{S^2}{n} = \frac{\sigma^2}{n} \quad (\because\ N \fallingdotseq N-1)$$

$$= \frac{1}{n}[\sigma_b^2 + \sigma_w^2] \quad (\sigma^2 = \sigma_b^2 + \sigma_w^2)$$

비례배분의 경우

$$V_{prop}(\bar{y}_{st}) = \sum\frac{N_h S_h^2}{Nn} = \frac{\sigma_w^2}{n} \quad (\sigma_w^2 = \frac{1}{N}\sum N_h\sigma_h^2 = \frac{1}{N}\sum N_h S_h^2)$$

따라서 단순임의추출은 평균의 분산은 비례배분의 의한 층화임의추출의 평균의 분산 더하기 층간분산에 표본값을 나눈 값이다. 층간분산은 항상 0보다 같거나 크므로 단순임의추출은 평균의 분산은 비례배분의 의한 층화임의추출의 평균의 분산보다 크거나 같다.

$$V(\bar{y}) = \frac{1}{n}(\sigma_w^2 + \sigma_b^2) = V_{prop}(\bar{y}_{st}) + \frac{1}{n}\sigma_b^2$$

따라서 층간 분산이 크면 클수록 비례배분의 의한 층화임의추출의 평균의 분산이 단순임의추출의 분산보다 적으므로 비례배분의 의한 층화임의추출의 정도가 높아진다.

4.13.2 비례배분의 의한 층화임의추출과 네이만 배분의 의한 층화임의추출의 평균의 분산 비교

비례배분의 의한 층화임의추출의 평균의 분산과 네이만 배분의 의한 층화임의추출의 평균의 분산을 비교하기 위하여 비례배분과 네이만 배분의 의한 층화임의추출의 평균의 분산을 복원인 경우를 보자.

$$V_{prop}(\overline{y}_{st}) = \sum\frac{N_h S_h^2}{Nn}, \quad V_{Ney}(\overline{y}_{st}) = \frac{1}{N^2 n}(\sum N_h S_h)^2$$

여기서 비례배분의 의한 층화임의추출의 평균의 분산에 최적배분의 의한 층화임의추출의 평균의 분산을 더하고 빼서 정리하면 다음과 같다.

$$\begin{aligned} V_{prop}(\overline{y}_{st}) &= \sum\frac{N_h S_h^2}{Nn} \\ &= \sum\frac{N_h S_h^2}{Nn} + \frac{1}{N^2 n}(\sum N_h S_h)^2 - \frac{1}{N^2 n}(\sum N_h S_h)^2 \\ &= V_{Ney}(\overline{y}_{st}) + \left[\sum\frac{N_h S_h^2}{Nn} - \frac{1}{N^2 n}(\sum N_h S_h)^2\right] \end{aligned}$$

괄호 안에 있는 것을 다시 쓰면

$$\begin{aligned} \frac{\sum N_h S_h^2}{Nn} - \frac{1}{N^2 n}(\sum N_h S_h)^2 &= \frac{1}{Nn}\left[\sum N_h S_h^2 - \frac{1}{N}(\sum N_h S_h)^2\right] \\ &= \frac{1}{Nn}\left[\sum N_h S_h^2 - \frac{2}{N}(\sum N_h S_h)^2 + \frac{\sum N_h}{N^2}(\sum N_h S_h)^2\right] \\ &= \frac{1}{Nn}\sum\left\{N_h\left[S_h^2 - \frac{2}{N}S_h(\sum N_h S_h) + \frac{1}{N^2}(\sum N_h S_h)^2\right]\right\} \\ &= \frac{1}{Nn}\sum N_h(S_h - \overline{S})^2 \end{aligned}$$

여기서 $\overline{S}$는 $\overline{S} = \frac{1}{N}\sum N_h S_h$이다.

그러므로 S_h와 $\overline{S}$가 크면 클수록 $(S_h - \overline{S})^2$의 값이 커서 $V_{prop}(\overline{y}_{st}) \geq V_{Ney}(\overline{y}_{st})$이 된다. 층간의 분산의 차이가 클수록 비례배분보다 네이만 배분이 효율적이다.

$$V_{prop}(\bar{y}_{st}) = V_{Ney}(\bar{y}_{st}) + \frac{1}{Nn}\sum N_h (S_h - \bar{S})^2$$

그러므로 $V_{prop}(\bar{y}_{st}) \geq V_{Ney}(\bar{y}_{st})$이다.

이유는 $\frac{1}{Nn}\sum N_h(S_h - \bar{S})^2 \geq 0$ 이기 때문이다. 이를 종합하면 다음과 같은 결과를 얻게 된다.

$$V(\bar{y}) \geq V_{prop}(\bar{y}_{st}) \geq V_{Ney}(\bar{y}_{st})$$

예제 4.15

모집단이 4개의 층화로 되어 있고 각 층마다 단위의 개수가 10이라 하자. 여기서 각 층마다 4씩을 뽑는다고 가정할 때 단순임의추출의 평균의 분산, 비례배분의 의한 층화임의추출의 평균의 분산과 네이만 배분의 의한 층화임의추출의 평균의 분산을 각각 복원으로 구하고 비교하여라.

층	1	2	3	4
	4 5 6 7 3	6 4 5 6 6	7 6 7 8 6	8 9 7 8 9
	4 3 4 4 4	4 5 6 5 6	7 6 6 7 6	9 9 8 8 8

풀이 위의 결과를 계산하면 다음과 같다.

	N	평균	분산	표준편차
1.00	10	4.4000	1.599997	1.26491
2.00	10	5.3000	0.677773	0.82327
3.00	10	6.6000	0.488895	0.69921
4.00	10	8.3000	0.455558	0.67495
합계	40	6.1500	2.951283	1.71793

$$V(\bar{y}) = \frac{S^2}{n} = \frac{2.951}{16} = 0.1843$$

$$V_{prop}(\bar{y}_{st}) = \sum \frac{N_h S_h^2}{Nn}$$

$$= \frac{1}{(40 \times 16)}(10 \times 1.6 + 10 \times 0.678 + 10 \times 0.489 + 10 \times 0.456)$$

$$= 0.0503$$

$$V_{Ney}(\bar{y}_{st}) = \frac{1}{N^2 n}(\sum N_h S_h)^2$$

$$= \frac{1}{(40^2 \times 16)}(10 \times 1.265 + 10 \times 0.823 + 10 \times 0.699 + 10 \times 0.675)^2$$

$$= 0.0468$$

$$V(\bar{y}) = 0.0738 \geq \ V_{prop}(\bar{y}_{st}) = 0.0503 \geq \ V_{Ney}(\bar{y}_{st}) = 0.00468$$

연습예제 4.15

모집단이 3개의 층화로 되어 있고 각 층마다 단위의 개수가 6, 9, 12이라 하자. 여기서 각 층마다 3, 4, 5씩을 뽑는다고 가정할 때 단순임의추출의 평균의 분산, 비례배분의 의한 층화임의추출의 평균의 분산과 네이만 배분의 의한 층화임의추출의 평균의 분산을 각각 복원으로 구하고 비교하여라.

층	1	2	3
개수	43 54 43 44 34 45	54 34 55 45 54 54 34 54 66	76 85 56 73 58 65 88 97 68 78 77 98

4.14 | SAS에서 층화임의추출

층화임의추출은 단순임의추출의 확장으로 층이 존재하고 그 층에서 단순임의추출에 의해 표본추출을 하는 프로그램으로 단순임의추출과 동일하게 프로그램 두 개로 시행된다. 간단히 앞에서 언급한 대로 두 개의 프러시저는 PROC SURVEYSELECT와 PROC SURVEYMEANS이다. 두 프러시저에 대한 설명은 단순임의추출에서 언급하였으므로 생략하고 바로 예제를 통해 프로그램을 소개하겠다. 예제도 단순임의추출과 동일하다. 단 단순임의추출과 다르게 층이 존재하여야 하는데 본 예제에서는 층을 남학생과 여학생인 두 개의 층으로 나눠진 것을 이용하자. 첫 번째 층인 남학생에서 15명, 두 번째 층인 여학생에서 15명을 추출하여 총 30명을 추출하는 프로그램이다.

4.14.1 예제

어느 도시에 교육에 관한 인식조사를 통하여 얻은 998명 중 층화임의추출을 통해 성별을 층으로 나누고 나누어진 성별에서 남학생 15명, 여학생 15명을 추출하는 과정

변수설명(단순임의추출과 동일)

프로그램

```
data stratum;
input id     code     fage     fedu     csex      v1      v2;
cards;
1.00         1.00     3.00     5.00     1.00     4.00     3.00
2.00         1.00     3.00     5.00     1.00     3.00     3.00
3.00         1.00     3.00     4.00     0.00     4.00     3.00
4.00         1.00     2.00     4.00     0.00     3.00     3.00
.
.
.
.
993.00       16.00    2.00     5.00     1.00     4.00     4.00
994.00       16.00    3.00     5.00     0.00     4.00     3.00
995.00       16.00    3.00     5.00     1.00     3.00     3.00
997.00       16.00    2.00     5.00     1.00     4.00     2.00
998.00       16.00    3.00     5.00     1.00     4.00     3.00

;

Title 층화임의추출;
data frame_strata;
set kim;

proc sort;
by csex;

proc surveyselect
```

```
 method=srs n=(15 15) seed=1000 out=strata;
 strata csex;
Title 층화임의추출에 의한 표본;
proc print;

proc surveymeans data=strata;
Title 층화임의추출에 의한 표본 결과값;
run;
```

4.14.2 SAS 결과

층화임의추출

MEANS 프러시저

변수	N	평균값	표준편차	최소값	최대값
v1	808	3.3168317	0.4989345	2.0000000	4.0000000
v2	808	2.9653465	0.4239276	1.0000000	4.0000000

SURVEYSELECT 프러시저

Selection Method	Simple Random Sampling

Strata Variable	csex
Input Data Set	FRAME_STRATA
Random Number Seed	1000
Number of Strata	2
Total Sample Size	30
Output Data Set	STRATA

층화임의추출로 추출된 표본(층: 남학생과 여학생)

OBS	csex	id	code	fage	fedu	v1	v2	Selection Prob	Sampling Weight
1	0	19	1	3	4	4	2	0.036058	27.7333
2	0	88	2	2	3	4	3	0.036058	27.7333
3	0	187	3	3	4	4	3	0.036058	27.7333
4	0	263	4	2	3	3	3	0.036058	27.7333
5	0	317	5	3	5	4	3	0.036058	27.7333
6	0	383	6	3	3	3	3	0.036058	27.7333
7	0	389	6	2	5	3	3	0.036058	27.7333
8	0	560	9	3	5	4	3	0.036058	27.7333
9	0	588	10	3	5	3	3	0.036058	27.7333
10	0	676	11	2	4	3	3	0.036058	27.7333
11	0	786	13	3	5	3	4	0.036058	27.7333
12	0	802	13	2	4	4	3	0.036058	27.7333
13	0	851	14	3	5	3	3	0.036058	27.7333
14	0	918	15	2	3	3	2	0.036058	27.7333
15	0	962	15	3	4	3	3	0.036058	27.7333
16	1	11	1	3	4	4	3	0.038265	26.1333
17	1	186	3	3	3	4	4	0.038265	26.1333
18	1	223	4	2	3	4	3	0.038265	26.1333
19	1	231	4	2	3	3	3	0.038265	26.1333
20	1	373	6	3	3	3	3	0.038265	26.1333
21	1	502	8	2	4	4	3	0.038265	26.1333
22	1	531	9	3	4	3	3	0.038265	26.1333
23	1	567	9	3	3	4	3	0.038265	26.1333
24	1	595	10	3	4	3	3	0.038265	26.1333
25	1	603	10	3	5	4	3	0.038265	26.1333
26	1	759	12	2	6	3	3	0.038265	26.1333
27	1	761	12	2	4	4	3	0.038265	26.1333
28	1	777	12	3	3	3	3	0.038265	26.1333
29	1	904	14	3	5	4	3	0.038265	26.1333
30	1	980	16	3	3	3	3	0.038265	26.1333

층화임의추출에 의한 표본 결과값

SURVEYMEANS 프러시저

Data Summary	
Number of Observations	30

Variable	Label	N	Mean	Std Error of Mean	95% CL for Mean
csex	30	0.500000	0.092848	0.310105	0.689895
id	30	526.400000	53.111174	417.775453	635.024547
code	30	8.566667	0.830016	6.869093	10.264241
fage	30	2.633333	0.089486	2.450315	2.816352
fedu	30	3.966667	0.162476	3.634366	4.298968
v1	30	3.466667	0.092641	3.277194	3.656139
v2	30	3.000000	0.067806	2.861320	3.138680
SelectionProb	30	0.037161	0.000205	0.036742	0.037581
SamplingWeight	30	26.933333	0.148556	26.629502	27.237165

4.15 | SPSS에서 층화임의추출

SPSS 메뉴 → 분석 → 복합표본 → 표본선택 후 표본추출마법사에서 표본계획에 찾아보기에 적당한 경로에 파일을 만든다. 파일명을 입력하고 아래에 다음을 클릭, 계층화 기준으로 성별(csex)를 넣고 단순무작위표본추출에 복원 또는 비복원을 체크 후 다음을 클릭한다. 성별로 10명씩 층화추출할 경우 기준값에 10을 넣고 클릭, 다음 모집단 크기 등 저장할 변수를 체크 후 몇 번 다음을 클릭, 새 데이터파일 저장에 체크 후 파일명 입력 후 다음을 클릭하면 마치게 된다. 이후 다른 창에 다음과 같은 결과가 나온다.

성별을 층으로 나누었으므로 남자 10명 여자 10명씩 단순임의추출로 표본이 추출되었다.

층화임의추출로 추출된 표본(층: 남학생과 여학생)

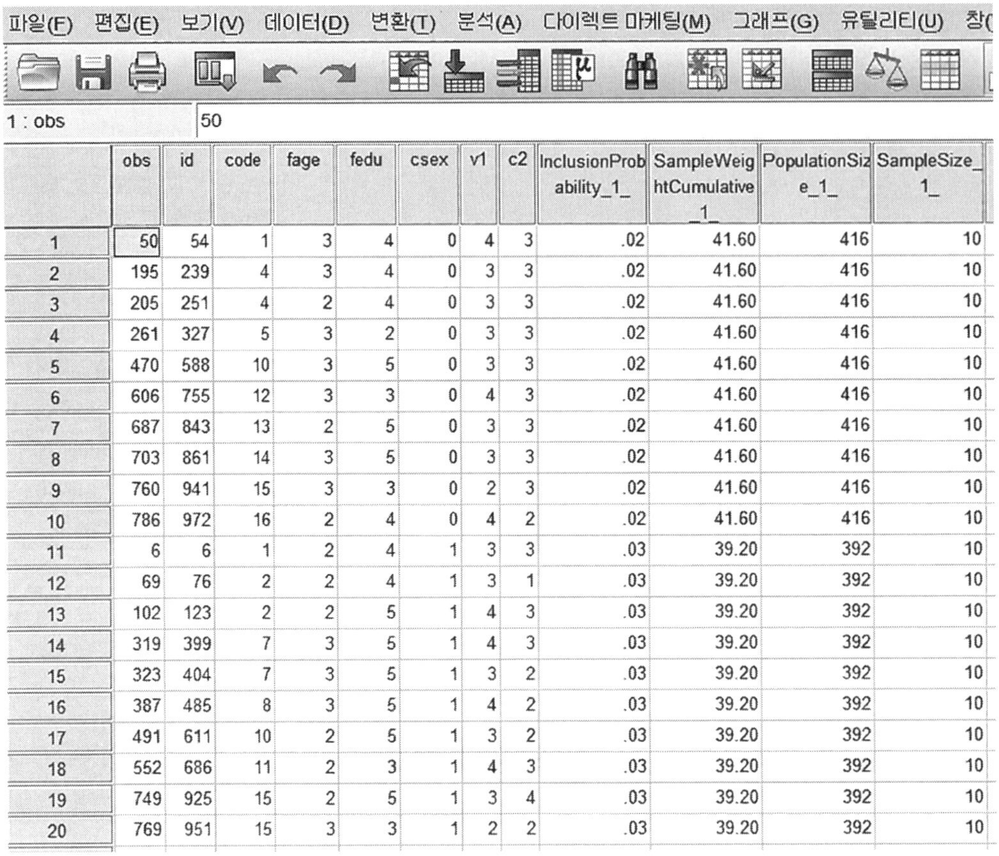

	obs	id	code	fage	fedu	csex	v1	c2	InclusionProbability_1_	SampleWeightCumulative_1_	PopulationSize_1_	SampleSize_1_
1	50	54	1	3	4	0	4	3	.02	41.60	416	10
2	195	239	4	3	4	0	3	3	.02	41.60	416	10
3	205	251	4	2	4	0	3	3	.02	41.60	416	10
4	261	327	5	3	2	0	3	3	.02	41.60	416	10
5	470	588	10	3	5	0	3	3	.02	41.60	416	10
6	606	755	12	3	3	0	4	3	.02	41.60	416	10
7	687	843	13	2	5	0	3	3	.02	41.60	416	10
8	703	861	14	3	5	0	3	3	.02	41.60	416	10
9	760	941	15	3	3	0	2	3	.02	41.60	416	10
10	786	972	16	2	4	0	4	2	.02	41.60	416	10
11	6	6	1	2	4	1	3	3	.03	39.20	392	10
12	69	76	2	2	4	1	3	1	.03	39.20	392	10
13	102	123	2	2	5	1	4	3	.03	39.20	392	10
14	319	399	7	3	5	1	4	3	.03	39.20	392	10
15	323	404	7	3	5	1	3	2	.03	39.20	392	10
16	387	485	8	3	5	1	4	2	.03	39.20	392	10
17	491	611	10	2	5	1	3	2	.03	39.20	392	10
18	552	686	11	2	3	1	4	3	.03	39.20	392	10
19	749	925	15	2	5	1	3	4	.03	39.20	392	10
20	769	951	15	3	3	1	2	2	.03	39.20	392	10

제 5 장

계통추출

5.1 | 계통추출

계통추출이란 미리 정해진 틀에 따라 모집단의 개수에 표본의 개수를 나누어 추출하는 방법을 말한다. 여기서, 미리 정해진 틀이란 ① 첫 k개의 표본 내에서 임의로 한 표본을 택하여 k번째마다 표본을 추출하거나 ② 전체 모집단에서 한 표본을 택하여 그다음 또는 그 앞뒤로 연속적으로 k번째 표본을 추출하는 것을 말한다. 이것을 k표본 중 한 개(1 in k)를 뽑았다고 말한다. 또, k를 추출간격이라고도 한다.

장점

① 추출이 간편하여 전문가가 아니라도 간단히 시행할 수 있다.
② 실제 조사에서 모집단이 어떤 특징을 갖고 있을 때(추출 단위가 크기순으로 또는 어떤 원칙에 의할 경우) 단순임의추출법보다 계통추출법이 정도가 높다.
③ 일정한 비용당 정보의 효율이 단순임의추출법보다 계통추출법이 높다.

5.2 | 추출방법

단순임의추출법은 난수표에 의한 표본추출방법이지만 계통추출은 모집단의 크기에 대한 표본의 크기에 따라 계통추출의 추출간격 k가 결정된다.

따라서 3계통 표본 중 1, 5계통 표본 중 1, 10계통 표본 중 1 등 다양한 계통추출법이 있을 수 있다. 예를 들어, 어느 월간지 총 독자 10,000명(모집단: N) 중, 200명(표본: n)을 계통추출로 하여 표지 모델로 누구를 추천할 것인지를 조사한다 하자. 이 경우 첫 50명의 독자 중 한 명을 택하여 계속 50번째 독자를 추출하면 표본의 크기(n)가 200인 표본을 추출할 수 있다. 그러면 $k=50$은 어떻게 결정되는가? 모집단의 크기와 표본의 크기에 따라 달라질 수 있다.

위의 경우 $k=\dfrac{N}{n}=\dfrac{10{,}000}{200}=50$과 같이 계산되어 $k=50$으로 결정되었다. 그러면 총 독자 10,000명 중 1,000 표본을 뽑으려면 $k=\dfrac{10{,}000}{1{,}000}=10$으로 첫 10명 중 한 명을 추출하여 계속 열 번째마다 한 명씩을 추출하면 표본이 1,000이 된다.

Yamane(1967)은 계통추출방법을 두 가지로 나누었다. 초기 표본을 첫 k개의 계통표본 내에서 추출하여 계속 k번째 표본을 추출하는 [방법 1]과 전체 모집단에서 임의로 첫 표본을 추출하여 그 표본 앞뒤로 k번째마다 표본을 추출하는 [방법 2]가 있다. 그러나 모집단이 큰 경우 [방법 1]과 [방법 2] 사이에는 큰 차이를 두지 않는다.

5.2.1 방법 1

[방법 1]이란 모집단 N에서 표본 n을 추출하는 경우 첫 k개의 추출단위 내에서 임의의 표본으로 r번째를 추출하였을 때 계속적으로 k번째 표본을 추출하는 방법을 말한다. 따라서 이 경우 첫 표본은 r이 되고, 그다음은 $r+k$, $r+2k$, $\cdots$와 같이 추출된다.

표본	1	2	$\cdots$	r	$\cdots$	k
	y_1	y_2	$\cdots$	y_r	$\cdots$	y_k
	y_{1+k}	y_{2+k}	$\cdots$	y_{r+k}	$\cdots$	y_{k2}
	$\vdots$	$\vdots$		$\vdots$	$\cdots$	$\vdots$
	$y_{1+(n-1)k}$	$y_{2+(n-1)k}$	$\cdots$	$y_{r+(n-1)k}$	$\cdots$	y_{kk}
표본평균	$\overline{y}_1$	$\overline{y}_2$	$\cdots$	$\overline{y}_r$	$\cdots$	$\overline{y}_k$

5.2.1.1 $N=nk$인 경우

표본평균은 모평균의 불편추정량이다.
즉

$$E(\overline{y}_{sy})=\frac{1}{k}(\overline{y}_1+\overline{y}_2+\cdots+\overline{y}_k)$$

$$=\frac{1}{kn}(y_1+\cdots+y_N)$$

$$=\mu$$

여기서 첨자 sy는 계통(system)을 나타내는 첨자이다.

$$\hat{\mu}=\overline{y}_{sy}=\overline{y_i}=\frac{1}{n}\sum_{j=1}^{n}y_{ij}\quad i=1\cdots k,\ j=1\cdots n$$

● 예제 5.1

모집단 $N=12$이고 표본 $n=3$인 경우를 예로 들어보자.

풀이 경우 추출 간격은 $k=\dfrac{12}{3}=4$가 된다.

표본	1	2	3	4
	y_1	y_2	y_3	y_4
	$y_5(=y_{1+4})$	$y_6(=y_{2+4})$	$y_7(=y_{3+4})$	$y_8(=y_{4+5})$
	$y_9(=y_{1+2\cdot4})$	$y_{10}(=y_{2+2\cdot4})$	$y_{11}(=y_{3+2\cdot4})$	$y_{12}(=y_{4+2\cdot4})$
표본평균	$\bar{y}_1$	$\bar{y}_2$	$\bar{y}_3$	$\bar{y}_4$

$$\begin{aligned} E(\bar{y}_{sy}) &= \frac{1}{4}(\bar{y}_1+\bar{y}_2+\bar{y}_3+\bar{y}_4) \\ &= \frac{1}{4}\left[\frac{1}{3}(y_1+y_5+y_9)+\frac{1}{3}(y_2+y_6+y_{10})+\frac{1}{3}(y_3+y_7+y_{11})\right. \\ &\quad \left.+\frac{1}{3}(y_4+y_8+y_{12})\right] \\ &= \frac{1}{12}(y_1+y_2+\cdots+y_{12})=\mu \end{aligned}$$

5.2.1.2 $N\neq nk$인 경우

표본평균은 모평균의 불편추정량이 아니다.

● 예제 5.2

모집단 $N=11$이고 표본 $n=3$인 경우를 예로 들어보자.

풀이 추출간격 $k=\dfrac{11}{3}=3\dfrac{2}{3}$로 표본의 크기가 3이거나 2이다.

표본	1	2	3	4
	y_1	y_2	y_3	y_4
	y_5	y_6	y_7	y_8
	y_9	y_{10}	y_{11}	
표본평균	$\bar{y}_1$	$\bar{y}_2$	$\bar{y}_3$	$\bar{y}_4$

$$
\begin{aligned}
E(\bar{y}_{sy}) &= \frac{1}{4}(\bar{y}_1 + \bar{y}_2 + \bar{y}_3 + \bar{y}_4) \\
&= \frac{1}{4}[\frac{1}{3}(y_1 + y_5 + y_9) + \frac{1}{3}(y_2 + y_6 + y_{10}) \\
&\quad + \frac{1}{3}(y_3 + y_7 + y_{11}) + \frac{1}{2}(y_4 + y_8)] \\
&= \frac{1}{12}(y_1 + y_2 + y_3 + \frac{3}{2}y_4 + y_5 \\
&\quad + y_6 + y_7 + \frac{3}{2}y_8 + y_9 + y_{10} + y_{11}) \\
&\neq \mu
\end{aligned}
$$

보편적으로 실제 조사에서는 모집단 N이 큰 경우 $N=nk$, $N \neq nk$를 같이 취급하는 경향이 있다.

5.2.2 방법 2

[방법 2]란 전체 모집단 N에서 임의로 첫 표본 r을 선택하여 그 표본 앞뒤로 k번째마다 표본을 추출하는 방법을 말한다.

즉,

$$r + jk \leq N \text{이면} \quad \{r + jk\}$$

이고

$$r + jk > N \text{이면} \quad \{r + jk - N\}$$

이다.

예제 5.3

$N=12$에서 표본 $n=3$인 경우에는 $k=4$이다. 이 경우 임의로 일곱 번째를 첫 표본으로 추출했다 하자. 이 경우는 다음과 같이 표본이 얻어진다.

풀이

$$
\begin{aligned}
&r = 7 \\
&j = 1,\ 7 + 1 \times 4 = 11 \\
&j = 2,\ 7 + 2 \times 4 = 15 \Rightarrow 15 - 12 = 3 \\
&j = 3,\ 7 + 3 \times 4 = 19 \Rightarrow 19 - 12 = 7
\end{aligned}
$$

따라서 표본은 y_3, y_7, y_{11} 이다.

표본	1	2	3	4
	y_1	y_2	y_3	y_4
	y_5	y_6	y_7	y_8
	y_9	y_{10}	y_{11}	y_{12}
표본평균	$\overline{y}_1$	$\overline{y}_2$	$\overline{y}_3$	$\overline{y}_4$

이 [방법 2]의 경우에 첫 표본 r 이 추출될 확률이 $\frac{1}{N}$ 이므로 $N=nk$, $N \neq nk$ 에 관계없이 표본평균은 모평균의 불편추정량이다.

예제 5.4

$N \neq nk$ 인 경우만 보도록 하자.

풀이 $N=11$, $n=3$인 경우에

표본	1	2	3	4
	y_1	y_2	y_3	y_4
	y_5	y_6	y_7	y_8
	y_9	y_{10}	y_{11}	
표본평균	$\overline{y}_1$	$\overline{y}_2$	$\overline{y}_3$	$\overline{y}_4$

① y_1, y_5, y_9을 추출할 확률은 각각 $\frac{1}{11}$ 이다.
이들 중 어떤 값을 추출하든 간에 첫 번째 계통표본으로 추출된다.

② 그러므로 이 표본이 추출될 확률은 $\frac{1}{11}+\frac{1}{11}+\frac{1}{11} = \frac{3}{11}$ 이다.

③ 따라서 각 표본이 추출될 확률은 각각 $\frac{3}{11}$, $\frac{3}{11}$, $\frac{3}{11}$, $\frac{2}{11}$ 이다.

$$\begin{aligned}
E(\overline{y}_{sy}) &= \frac{3}{11}\overline{y}_1 + \frac{3}{11}\overline{y}_2 + \frac{3}{11}\overline{y}_3 + \frac{2}{11}\overline{y}_4 \\
&= \frac{3}{11}\left[\frac{1}{3}(y_1+y_5+y_9)\right] + \frac{3}{11}\left[\frac{1}{3}(y_2+y_6+y_{10})\right] \\
&\quad + \frac{3}{11}\left[\frac{1}{3}(y_3+y_7+y_{11})\right] + \frac{2}{11}[\frac{1}{2}(y_4+y_8)] \\
&= \frac{1}{11}(y_1+y_2+\ \cdots\ +y_{11}) = \mu
\end{aligned}$$

5.3 | 모평균과 모총계의 추정

표본평균은 다음과 같이 정의된다.

$$\overline{y}_{sy} = \overline{y}_i = \frac{1}{n}\sum_{j=1}^{n} y_{ij} \quad (i = 1,\ \cdots,\ k)$$

또,

$$\begin{aligned} E(\overline{y}_{sy}) &= \frac{1}{k}(\overline{y}_1 + \overline{y}_2 + \ \cdots\ + \overline{y}_k) \\ &= \frac{1}{kn}(y_1 + y_2 + \ \cdots\ + y_N) \\ &= \mu\,(N = nk\,) \end{aligned}$$

이다.

그러므로 모평균의 추정량 $\hat{\mu}$은 다음과 같이 정의된다.

$$\hat{\mu} = \overline{y}_{sy} = \overline{y}_i \quad (i = 1,\ \cdots,\ k)$$

또한, 모총계의 추정량 $\hat{\tau}_{sy}$는 다음과 같이 정의된다.

$$\hat{\tau}_{sy} = N\,\overline{y}_{sy}$$

예제 5.5

N=9명의 학생들이 갖고 있는 책의 수가 다음과 같다. 3표본 중 하나를 계통추출에 의해 뽑고 모평균의 추정하여라.

1 2 3 4 5 6 7 8 9

풀이 $N = 9 = 3 \times 3 = nk$

표본 1	표본 2	표본 3
1	2	3
4	5	6
7	8	9
$\overline{y}_1$	$\overline{y}_2$	$\overline{y}_3$

$$\bar{y}_1 = 4,\ \bar{y}_2 = 5,\ \bar{y}_3 = 6$$

$$E(\bar{y}_{sy}) = \frac{1}{k}(\bar{y}_1 + \bar{y}_2 + \bar{y}_3) = \frac{1}{3}(4+5+6) = 5$$

이고

$$\mu = \frac{1}{9}(1+2+\cdots+9) = 5$$

이므로, 따라서

$$E(\bar{y}_{sy}) = \mu$$

이다.

예제 5.6

$N=11$명의 학생들이 갖고 있는 용돈이 다음과 같다 하자. 3표본 중 하나를 계통추출에 의해 뽑고 모평균의 추정하여라.

풀이 12, 14, 19, 21, 22, 22, 25, 25, 27, 29, 31

표본 1	표본 2	표본 3
12	14	19
21	22	22
25	25	27
29	31	
$\bar{y}_1$	$\bar{y}_2$	$\bar{y}_3$

$$\bar{y}_1 = \frac{(12+21+25+29)}{4} = 21.75,$$

$$\bar{y}_2 = \frac{(14+22+25+31)}{4} = 23,$$

$$\bar{y}_3 = \frac{(19+22+27)}{3} = 22.67$$

$$E(\bar{y}_{sy}) = \frac{1}{k}(\bar{y}_1 + \bar{y}_2 + \bar{y}_3) = 22.47,$$

$$\mu = \frac{1}{11}(12+14+\cdots+31) = 22.46$$

이므로 따라서

$$E(\overline{y}_{sy}) \neq \mu$$

이다.

연습예제 5.6

$N=9$ 가구의 생활 만족도가 다음과 같다 하자. 3표본 중 하나를 계통추출에 의해 뽑고 모평균의 추정하여라.

0.3 0.3 0.4 0.4 0.5 0.5 0.5 0.7 0.9

5.4 | $\overline{y}_{sy}$의 분산

계통추출의 의한 평균의 분산은 계산방법은 다르지만 결과는 같은 세 가지 분산을 제시할 것이다.

첫 번째로 가장 간단한 평균의 분산 $V(\overline{y}_{sy})$는 기본 정의로부터 k개의 가능한 표본이 존재하고 이 표본이 각각이 추출될 수 있는 확률은 $\frac{1}{k}$이므로 $V(\overline{y}_{sy})$는 다음과 같이 정의된다.

$$V(\overline{y}_{sy}) = \frac{1}{k}\sum_{1}^{k}(\overline{y}_i - \mu)^2$$

이를 다른 방법으로 계산하기 위해 다음과 같은 식을 전개해보자.

$$\begin{aligned}\sum_{i=1}^{k}\sum_{j=1}^{n}(y_{ij}-\mu)^2 &= \sum_{i=1}^{k}\sum_{j=1}^{n}[(y_{ij}-\overline{y}_i)+(\overline{y}_i-\mu)]^2 \\ &= \sum_{i=1}^{k}\sum_{j=1}^{n}[(y_{ij}-\overline{y}_i)^2+(\overline{y}_i-\mu)^2+2(y_{ij}-\overline{y}_i)(\overline{y}_i-\mu)] \\ &= \sum_{i=1}^{k}\sum_{j=1}^{n}(y_{ij}-\overline{y}_i)^2+n\sum_{i=1}^{k}(\overline{y}_i-\mu)^2\end{aligned}$$

우변의 첫 번째 항을 좌변으로 옮기고 등호 양변을 서로 바꾸면 다음과 같다.

$$n\sum_{i=1}^{k}(\overline{y}_i-\mu)^2=\sum_{i=1}^{k}\sum_{j=1}^{n}(y_{ij}-\mu)^2-\sum_{i=1}^{k}\sum_{j=1}^{n}(y_{ij}-\overline{y}_i)^2$$

여기서 양변에 nk를 나누면 다음과 같이 둘째 계통추출의 평균의 분산이 얻어진다.

$$\begin{aligned}V(\overline{y}_{sy})&=\frac{1}{k}\sum_{i=1}^{k}(\overline{y}_i-\mu)^2\\&=\frac{1}{kn}\sum_{i=1}^{k}\sum_{j=1}^{n}(y_{ij}-\mu)^2-\frac{1}{kn}\sum_{i=1}^{k}\sum_{j=1}^{n}(y_{ij}-\overline{y}_i)^2\\&=\frac{N-1}{N}S^2-\frac{1}{N}\sum_i\sum_j(y_{ij}-\overline{y}_i)^2\end{aligned}$$

여기서,

$$S^2=\frac{1}{N-1}\sum_i^k\sum_j^n(y_{ij}-\mu)^2,\ \ N=kn$$

이다.

그러나 $V(\overline{y}_{sy})$의 추정량은 다음과 같다.

$$\hat{V}(\overline{y}_{sy})=\frac{s^2}{n}\left(\frac{N-n}{N}\right)$$

이는 단순임의추출 $\overline{y}$의 분산과 같다는 의미는 아니다. 즉, 단순임의추출의 표본평균 $\overline{y}$의 분산은 $V(\overline{y})=\frac{N-n}{N}\frac{S^2}{n}$이지만 계통추출에 의한 표본평균 $\overline{y}_{sy}$의 분산은 앞에 언급한 것과 같이 쓰인다.

또, 마지막으로 계통추출의 세 번째 평균의 분산 $V(\overline{y}_{sy})$는 급내상관계수(intraclass correlation coefficient) ρ로 표현할 수 있다.

$$V(\overline{y}_{sy})=\frac{N-1}{N}\frac{S^2}{n}[1+(n-1)\rho]$$

여기서 ρ는 같은 계통추출 내에 단위의 짝들의 상관계수이다.

다음과 같은 풀이가 가능하다.

$$\rho = \frac{E(y_{ij}-\mu)(y_{ij}'-\mu)}{E(y_{ij}-\mu)^2}$$

$$= \frac{2}{n-1}\sum_{i}^{k}\sum_{j<j'}^{n}(y_{ij}-\mu)(y_{ij}'-\mu)\cdot\frac{1}{N-1}\frac{1}{S^2}$$

만일 ρ가 1에 가까우면 같은 계통 내의 추출 단위들이 매우 유사하여 계통추출에 의한 표본평균의 분산이 단순임의추출보다 크게 되어 계통추출의 의미가 없으며 ρ가 음수이면 계통추출에 의한 표본평균의 분산이 단순임의추출의 표본평균 분산보다 적어 더 효율적인 추출방법이 된다. ρ가 0에 가깝고, N이 적절히 큰 경우에 식에 의해 계통추출과 단순임의추출 사이에 별 차이가 없다.

예제 5.7

[예제 5.5]에서 다음 세 분산식을 구하고 분산의 결과가 동일한지를 보여라.

$$V(\bar{y}_{sy}) = \frac{1}{k}\sum_{1}^{k}(\bar{y}_i-\mu)^2,$$

$$V(\bar{y}_{sy}) = \frac{N-1}{N}S^2 - \frac{1}{N}\sum_{i}\sum_{j}(y_{ij}-\bar{y}_i)^2,$$

$$V(\bar{y}_{sy}) = \frac{N-1}{N}\frac{S^2}{n}[1+(n-1)\rho]$$

첫 식에서

$$V(\bar{y}_{sy}) = \frac{1}{k}\sum_{1}^{k}(\bar{y}_i-\mu)^2 = \frac{1}{3}[(4-5)^2+(5-5)^2+(6-5)^2]$$

$$= \frac{2}{3}$$

두 번째 식에서 $V(\bar{y}_{sy}) = \frac{N-1}{N}S^2 - \frac{1}{N}\sum_{i}\sum_{j}(y_{ij}-\bar{y}_i)^2$를 구하기 위해 S^2과 $\sum_{i}\sum_{j}(y_{ij}-\bar{y}_i)^2$을 먼저 구하자.

$$S^2 = \frac{1}{N-1}\sum\sum(y_{ij}-\mu)^2 = \frac{1}{9-1}[21+18+21] = \frac{60}{8}$$

$$\sum_{i}\sum_{j}(y_{ij}-\bar{y}_i)^2 = [18+18+18] = 54$$

이를 $V(\bar{y}_{sy})$에 대입하면 다음과 같다.

$$V(\bar{y}_{sy}) = \frac{N-1}{N}S^2 - \frac{1}{N}\sum_i \sum_j (y_{ij} - \bar{y}_i)^2$$
$$= \frac{9-1}{9}\frac{60}{8} - \frac{1}{9}54 = \frac{2}{3}$$

마지막 세 번째 식은 다음과 같다.

$$V(\bar{y}_{sy}) = \frac{N-1}{N}\frac{S^2}{n}[1+(n-1)\rho]$$

먼저 ρ를 구하자.

$i=1$일 때

$$\sum_{j<j'}^{n}(y_{1j}-\mu)(y_{1j}{}'-\mu) = (y_{11}-\mu)(y_{12}-\mu)+(y_{11}-\mu)(y_{13}-\mu)$$
$$+(y_{12}-\mu)(y_{13}-\mu)$$
$$=(1-5)(4-5)+(1-5)(7-5)+(4-5)(7-5) = -6$$

따라서 나머지 결과도 다음과 같다.

$i=2$일 때

$$\sum_{j<j'}^{n}(y_{2j}-\mu)(y_{2j}{}'-\mu) = -9,$$

$i=3$일 때

$$\sum_{j<j'}^{n}(y_{3j}-\mu)(y_{3j}{}'-\mu) = -6$$

이다. 따라서

$$\rho = \frac{2}{3-1}(-6-9-6)\frac{1}{9-1}\frac{1}{\frac{60}{8}} = -\frac{21}{60}$$

이므로 $V(\bar{y}_{sy})$는 다음과 같다.

$$V(\bar{y}_{sy}) = \frac{9-1}{9}\frac{\frac{60}{8}}{3}\left[1+(3-1)\left(-\frac{21}{60}\right)\right] = \frac{2}{3}$$

이는 세 가지 분산식을 통해 구한 값이 동일하다는 것을 알 수 있다.

연습예제 5.7

[연습예제 5.6] (계속) N=9가구의 생활 만족도가 다음과 같다 하자. 급내상관계수를 이용한 평균의 분산의 계산하여라.

0.3 0.3 0.4 0.4 0.5 0.5 0.5 0.7 0.9

계통추출의 경우 표본평균의 분산에서 알 수 있듯이 표본평균의 분산은 모집단을 다 알고 있다는 가정하에 계산될 수 있는 식이다. 따라서 계통추출의 경우 표본평균의 분산은 모집단을 다 알지 않는 이상 추정치를 구할 수가 없다. 따라서 계통추출의 경우의 표본평균의 분산은 단순임의추출의 평균의 분산을 이용한다. 표본평균의 분산 추정도 마찬가지지만 총계나 비율의 경우도 단순임의추출의 분산을 이용한다. 따라서 평균, 총계에 대한 것들은 단순임의추출과 동일하므로 생략하고 비율의 경우만 간단히 계통추출의 경우에 예를 들어 보기로 한다.

5.5 | 모비율의 추정

모비율을 추정하기 위해 계통추출을 사용하여 표본을 뽑는 경우가 많다. 예를 들면 국회의원선거를 앞두고 어느 후보의 지지율을 알아보고자 하는 경우 계통추출을 통한 표본으로 조사할 수 있을 것이다.

계통추출으로 표본을 뽑았을 때 모비율의 추정량을 $\hat{p}_{sy}$라 하자. i 번째 표본(유권자)이 한 후보를 지지하는 경우에는 $y_i = 1$, 그렇지 않으면 $y_i = 0$이라고 할 경우, $\hat{p}_{sy}$는 어떤 관측값 y_i의 값이 0과 1인 값들의 평균이 된다. 따라서 모비율의 추정량 $\hat{p}_{sy}$ 다음과 같이 표현할 수 있다.

$$\hat{p}_{sy} = \frac{1}{n}\sum_{i=1}^{n} y_i$$

단순임의추출로 추출했을 경우에 위 추정량의 분산의 추정량은 다음과 같다.

$$\hat{V}(\hat{p}_{sy}) = \frac{N-n}{N}\frac{\hat{p}_{sy}\hat{q}_{sy}}{n-1}, \quad \hat{q}_{sy} = 1-\hat{p}_{sy}$$

이 된다. 이 식은 단순임의추출에서 구한 비율의 분산의 추정량의 식을 $\hat{p}$를 $\hat{p}_{sy}$로 바꾼 것이다. 또 $\hat{p}_{sy}$의 $100(1-\alpha)\%$ 신뢰구간은 다음과 같다.

$$\left(\hat{p}_{sy} - z_{\alpha/2}\sqrt{\hat{V}(\hat{p}_{sy})},\ \hat{p}_{sy} + z_{\alpha/2}\sqrt{\hat{V}(\hat{p}_{sy})}\right)$$

예제 5.8

어느 지역의 남녀 비율을 알고 싶다고 하자. 그 지역에는 총 $N=3,451$명이 거주하고 있다. 특히 남자의 비율을 알아보기 위해 가나다순으로 되어 있는 추출대장에서 5 계통추출법을 적용하여 조사하였다. 690명의 표본 중 370명이 남자였을 경우 모비율을 추정하고 95% 신뢰구간을 구하여라.

풀이 남자 비율의 추정값은

$$\hat{p}_{sy} = \frac{1}{n}\sum_{1}^{n} y_i = \frac{370}{690} = 0.536$$

이다. 여기서 y_i는 남자일 경우 1이고 그렇지 않으면 0이 된다.

또한 분산의 추정치는

$$\hat{V}(\hat{p}_{sy}) = \frac{N-n}{N}\frac{\hat{p}_{sy}\hat{q}_{sy}}{n-1} = \frac{3451-690}{3451}\times\frac{(0.536)(0.464)}{689}$$
$$= 0.000288$$

이 된다.

따라서 남자에 대한 95% 신뢰구간은

$$\hat{p}_{sy} \pm 1.96\sqrt{\hat{V}(\hat{p}_{sy})}$$

이므로,

$$0.536 \pm 1.96\sqrt{0.000288} = 0.536 \pm 0.033$$

이다.

연습예제 5.8

전교생이 총 5,000명인 학교에서 비복원의 경우 50계통으로 100명을 뽑아 흡연율을 조사하였더니 30명이 흡연자로 조사되었다. 모비율을 추정하고 95% 신뢰구간을 구하여라.

5.6 | 표본의 크기 결정

계통추출의 경우에도 모평균 또는 모총계에 근거하여 표본의 크기 n 을 결정해야 할 경우가 있다.

계통추출에서의 표본평균을 추정하려는 경우에도 단순임의추출에서의 표본의 크기를 구하는 경우와 동일한 식을 이용한다.

$$d = z\sqrt{V(\overline{y}_{sy})}$$

여기서 d는 단순임의추출 또는 층화임의추출의 경우와 마찬가지로 최대허용오차이다.

앞서 언급했지만 계통추출의 경우에 분산은 복잡하기도 하고 실질적으로 추정할 수도 없기 때문에 단순임의추출의 분산의 추정치를 이용하여 표본의 크기 n을 구할 수 있다. 다음은 단순임의추출의 경우에 식을 이용하여 표본을 구한 경우이다.

$$n = \frac{N(zS)^2}{Nd^2 + (zS)^2} = \frac{n_0}{1 + \frac{n_0}{N}}, \quad n_0 = \left(\frac{zS}{d}\right)^2$$

총계를 추정하려는 경우에는 $\hat{\tau}_{sy} = N\overline{y}_{sy}$의 관계를 이용하여 다음의 관계식을 만족시켜 주는 n을 구하면 된다.

$$d = z\sqrt{N^2 V(\overline{y}_{sy})}$$

위의 식을 풀면

$$n = \frac{N^2(zS)^2}{d^2 + N(zS)^2} = \frac{n_0}{1 + \frac{n_0}{N}}, \quad n_0 = N^2\left(\frac{zS}{d}\right)^2$$

이 된다.

예제 5.9

어느 도의 경우 사과재배 면적의 평균을 추정하려고 한다. 마침 계통추출을 하기 위하여 가구당 크기순으로 정리된 대장을 확보했다고 하자. 이 도의 사과재배 가구는 3,700가구이다. 작년에 표본을 뽑아 조사한 결과 사과재배 면적의 분산은 $s^2 = 150$이었다. 95% 신뢰도하에서 오차의 한계 $d = 2$일 이내가 되게 조사하려면 표본의 크기를 얼마로 하는 것이 좋은가?

풀이 대장이 크기순으로 되어 있으므로 계통추출에 의해 표본을 뽑을 경우 정확한 추정을 할 수 있다. 그러나 표본의 크기를 구하는 식에서는 계통추출의 분산을 구하기가 쉽지 않으므로 단순임의추출의 분산을 이용하여야 한다. 복원의 표본의 크기를 구하는 식에 의해 계산하면

$$n_0 = \left(\frac{zs}{d}\right)^2 = \left(\frac{1.96 \times \sqrt{150}}{2}\right)^2 = 144.1$$

복원의 경우에 약 144가구를 추출하면 된다. 비복원의 경우에는 다음과 같다.

$$n = \frac{N(zs)^2}{Nd^2 + (zs)^2} = \frac{n_0}{1 + \dfrac{n_0}{N}} = \frac{144}{1 + \dfrac{144}{3700}} = 138.6$$

이므로 표본의 크기를 139로 하면 된다.

연습예제 5.9

국내에 존재하는 종원업 5인 이상 기업의 평균 종업원 수를 추정하고자 한다. 종업원 수가 5인 이상 기업의 수 300,000개라 가정하자. 이 기업들을 종업원 수에 따라 크기순으로 정리된 목록에서 작년에 표본을 뽑아 조사한 결과 종업원의 분산은 $s^2 = 1300$이었다. 95% 신뢰도하에서 오차의 한계 $d = 5$명 이내가 되게 조사하려면 표본의 크기를 얼마로 하는 것이 좋은가?

앞서 평균을 추정하기 위한 최대허용오차를 근거로 표본의 크기를 구하였다. 마찬가지로 이를 단순임의추출에서와 동일하게 확장하여 총계 및 비율을 추정하기 위한 표본의 크기도 구할 수 있을 것이다. 다음은 모집단이 어떠한 형태로 분포되어 있느냐에 따라 계통추출이 어떻게 달라지는지를 언급하고 있다.

5.7 | 모집단 형태에 따른 계통추출법

5.7.1 모집단이 임의로 배열되어 있는 경우

임의로 배열되어 있는 모집단에서의 계통추출을 한 경우에 표본으로 뽑인 계통추출 내에서 ρ는 0에 가깝게 된다. 따라서 이 경우 N이 클수록 $\bar{y}_{sy}$의 분산은 단순임의추출의 평균의 분산인 $\bar{y}$의 분산과 동일하게 된다. 이는 모집단이 임의로 배열되어 있는 경우 계통추출이나 단순임의추출이나 동일한 효율을 가져오게 된다.

5.7.2 모집단이 크기순으로 배열되어 있는 경우

모집단이 크기순으로 배열되어 있는 경우, 즉 이 경우는 성적순이나 몸무게, 키 등 어떤 조사 단위의 값이 순서에 의해 배열되어 있는 경우이다. 이 모집단에서 계통추출된 표본은 일반적으로 $\rho \le 0$이면서 $V(\bar{y}_{sy}) \le V(y)$이 된다. 그러므로 크기순으로 배열되어 있는 모집단에서의 계통추출은 단순임의추출보다 더 많은 효율성이 있다. 그러나 만일 표본으로부터는 $V(\bar{y}_{sy})$의 불편추정량은 구할 수 없으므로 $V(\bar{y}_{sy})$의 추정치로 앞에서 언급한 대로 단순임의추출의 분산인 다음을 사용한다.

$$\hat{V}(\bar{y}_{sy}) = \frac{s^2}{n}\left(\frac{N-n}{N}\right)$$

5.7.3 모집단이 주기적으로 배열되어 있는 경우

예를 들어, 백화점의 매출액이나 식당의 매출액은 주중에는 적다가 주말에 많아지는 경향이 있다. 이 경우 일주일 단위를 주기적으로 반복되는 자료가 있을 때 k표본 중 1을 추출하는데 신중을 기해야 한다. 만일, $k=7$로 하고 토요일은 첫 표본으로 추출했을 경우 매주 토요일 매출액만 추출하게 되므로 평균 매출액보다 높게 추정하게 된다. 이 경우 계통 내 표본이 동질성이 되어 ρ는 0보다 커지게 되어 $V(\bar{y}_{sy}) > V(\bar{y})$가 되어 계통추출이 단순임의추출보다 덜 효율적인 방법이 된다. 이런 문제를 해결하는 방법으로 표본의 추출단위를 매번 옮겨서 뽑을 수 있다. 예를 들어, 먼저 첫 계통 간격

내에 r이 추출되었으며, 다음에는 $r+(k+1)$, 그다음에는 $r+(k+1)+(k+2)$로 추출하는 방법을 생각할 수가 있다.

5.8 | SAS에서 계통추출

SAS에서 계통추출은 단순임의추출, 층화임의추출의 확장으로 모든 것이 동일하고 방법만 바꾸어 쓰면 된다. 동일하게 앞에서 언급한 대로 2개의 프러시저는 PROC SURVEYSELECT와 PROC SURVEYMEANS이다. 계통추출법을 통해 총 20명을 추출하는 프로그램이다.

5.8.1 예제

어느 도시에 교육에 관한 인식조사를 통하여 얻은 998명 중 계통추출로 20명을 추출하는 과정

변수설명(단순임의추출, 층화임의추출과 동일)

프로그램

```
data sys;
 input id   code    fage    fedu    csex     v1      v2;
cards;
1.00        1.00    3.00    5.00    1.00    4.00    3.00
2.00        1.00    3.00    5.00    1.00    3.00    3.00
3.00        1.00    3.00    4.00    0.00    4.00    3.00
4.00        1.00    2.00    4.00    0.00    3.00    3.00
.
.
.
993.00      16.00   2.00    5.00    1.00    4.00    4.00
```

```
994.00      16.00   3.00    5.00    0.00    4.00    3.00
995.00      16.00   3.00    5.00    1.00    3.00    3.00
997.00      16.00   2.00    5.00    1.00    4.00    2.00
998.00      16.00   3.00    5.00    1.00    4.00    3.00
;
Title 계통추출;
proc surveyselect method=sys samplesize=20 seed=1000 out=sys;
Title 계통추출에 의한 표본;
proc print;

proc surveymeans data=sys;
Title 계통추출에 의한 표본 결과값;
run;
```

5.8.2 SAS 결과

계통추출에 의한 표본

SURVEYSELECT 프러시저

Selection Method	Systematic Random Sampling

Input Data Set	KIM
Random Number Seed	1000
Sample Size	20
Selection Probability	0.024752
Sampling Weight	40.4

계통추출로 추출된 표본

OBS	id	code	fage	fedu	csex	v1	v2
1	41	1	3	5	1	3	4
2	92	2	4	5	1	4	3
3	147	3	2	5	1	3	3
4	198	3	2	3	1	3	3
5	246	4	3	4	1	3	3
6	303	5	3	4	1	3	3
7	353	6	1	3	0	2	4

8	403	7	3	5	0	3	3
9	458	8	3	3	1	3	3
10	504	8	4	3	0	3	3
11	559	9	3	5	0	4	3
12	603	10	3	5	1	4	3
13	652	11	3	3	0	4	3
14	705	11	3	6	1	3	3
15	754	12	3	3	0	4	3
16	799	13	2	4	1	3	3
17	842	13	3	5	1	3	3
18	894	14	3	6	0	4	3
19	949	15	3	5	1	3	3
20	997	16	2	5	1	4	2

계통추출에 의한 표본 결과값

SURVEYMEANS 프러시저

Data Summary	
Number of Observations	20

Statistics					
Variable	N	Mean	Std Error of Mean	95% CL for Mean	
id	20	524.950	66.304	386.173	663.726
code	20	8.550	1.022	6.410805	10.689
fage	20	2.800000	0.155597	2.474331	3.125669
fedu	20	4.350000	0.232549	3.863270	4.836730
csex	20	0.650000	0.109424	0.420972	0.879028
v1	20	3.300000	0.127733	3.032651	3.567349
v2	20	3.050000	0.088109	2.865586	3.234414

5.9 | SPSS에서 계통추출

SPSS 메뉴 → 분석 → 복합표본 → 표본선택후 표본추출마법사에서 표본계획에 찾아보기에 적당한 경로에 파일을 만든다. 파일명을 입력하고 아래에 다음을 클릭, 계획변수는 그냥 넘어간다. 단순계통에 복원 또는 비복원을 체크 후 다음을 클릭한다. 기준값에 20을 넣고 클릭, 다음 모집단 크기 등 저장할 변수를 체크 후 몇 번 다음을 클릭, 새 데이터파일 저장에 체크 후 파일명 입력 후 다음을 클릭하면 마치게 된다. 이후 다른 창에 다음과 같은 결과가 나온다. 초기값은 27이며 40번째 또는 41번째로 계통으로 표본이 추출된 것을 알 수가 있다.

계통추출로 추출된 표본

1 : obs 27

	obs	id	code	fage	fedu	csex	v1	c2	InclusionProbability_1_	SampleWeightCumulative_1_	PopulationSize_1_
1	27	29	1	3	5	1	3	3	.02	40.40	808
2	68	74	2	3	5	1	4	3	.02	40.40	808
3	108	135	2	3	5	0	4	4	.02	40.40	808
4	148	184	3	3	3	1	3	3	.02	40.40	808
5	189	233	4	3	3	1	3	3	.02	40.40	808
6	229	282	5	2	5	1	3	3	.02	40.40	808
7	270	339	6	2	3	1	3	3	.02	40.40	808
8	310	387	6	3	4	1	4	3	.02	40.40	808
9	350	440	7	3	6	0	4	3	.02	40.40	808
10	391	491	8	2	3	0	3	3	.02	40.40	808
11	431	541	9	2	4	0	3	3	.02	40.40	808
12	472	590	10	3	5	1	3	3	.02	40.40	808
13	512	635	10	2	4	0	3	3	.02	40.40	808
14	552	686	11	2	3	1	4	3	.02	40.40	808
15	593	737	12	2	4	0	3	3	.02	40.40	808
16	633	785	13	3	3	1	4	4	.02	40.40	808
17	674	830	13	3	5	1	4	3	.02	40.40	808
18	714	880	14	2	3	1	3	3	.02	40.40	808
19	754	932	15	2	5	0	3	3	.02	40.40	808
20	795	983	16	2	5	1	4	3	.02	40.40	808

제6장

단순집락추출

6.1 | 단순집락추출

단순집락추출은 조사단위가 집합인 집락, 또는 그룹을 추출단위로 하여 모집단으로부터 표본을 단순임의추출하는 방법이다. 단순집락추출은 모집단의 조사단위의 목록을 얻는데 시간과 비용이 많이 들 때 단순임의추출이나 층화임의추출보다 더 효율적이다. 다시 언급하면, 조사단위와 조사단위의 거리가 멀 경우 조사단위를 개별적으로 추출하는 것보다 조사단위가 집락적으로 모아 이 집락을 추출단위로 하는 게 효율적이다.

6.2 | 추출방법

단순집락추출의 첫 작업으로 집락들을 구분하여 추출하기 쉽게 만드는 작업이다. 단순집락추출방법은 집락의 상황에 따라 두 가지로 추출방법을 상정할 수 있겠다. 첫 번째로 집락 내에는 비슷하고 집락들 간에는 이질적인 경우가 있다. 많은 경우가 이와 같은 경우로 집락 내는 동질인 것들로 이루어져 있고 집락들 간에는 이질적으로 이루어진 경우이다. 이 경우 좋은 추정치를 얻기 위해서는 집락의 크기를 작게 하고 집락을 많이 뽑아야 한다. 이 경우는 단순집락추출방법으로는 추천하지 않는다. 두 번째로 집락들 간에는 동질적이지만 집락 내는 이질적인 경우가 있다. 이 경우는 많은 집락을 뽑을 필요가 없이 몇 개의 집락을 뽑아도 전체를 대표할 수 있으므로 집락이 큰 표본을 몇 개만 추출해도 정확한 추정을 할 수 있다. 이 경우가 단순집락추출법으로 좋은 방법이다.

단순집락추출은 다음과 같은 장점을 지닌다. ① 전국을 대상으로 하는 것과 같이 모집단이 큰 경우 가구의 목록을 얻기란 쉽지가 않다. 그러나 가구를 대상으로 조사를 할 때는 읍, 면, 동을 추출단위로 하여 그 안에서 모든 가구를 조사하는 것이 비교적 수월하다. ② 앞에서도 언급했지만 단순임의추출보다 조사비용이 훨씬 적게 들 수 있다. 여러 곳을 다녀야 하는 단순임의추출보다 몇 군데를 정하여 모두 조사하는 단순집락추출이 비용이 적게 든다.

추출된 집락에서 모든 조사단위를 다 조사하는 것을 단순집락추출(one stage cluster sampling)이라 하고 추출된 집락 내에서 다시 표본집락을 추출하여 추출된 집락을 조사하는 것은 이단집락추출(two stage cluster sampling)이라 한다. 이단집락추출에서 제1단계 추출단위를 1차 추출단위(primary sampling unit)라 하고 제2단계 추출단위를 2차 추출단위(second sampling unit)라 한다. 또한 추출방법에 따라 집락추출방법에 따라 단순집락추출, 층화집락추출, 계통집락추출 등을 고려해 볼 수 있다.

6.3 | 모평균과 모총계의 추정

다음과 같은 기호를 정의하기로 하자.

N : 모집단에 있는 집락의 수

n : 단순임의추출을 통해 추출된 집락의 수

m_i: i 번째 집락에서 조사단위의 수

$\overline{m} = \frac{1}{n}\sum_{i}^{n} m_i$: 표본에서 평균집락의 크기

$M_t = \sum_{i=1}^{N} M_i$: 모집단에 있는 조사단위의 총수

$\overline{M} = \frac{M_t}{N}$: 모집단의 평균집락의 크기

y_i: i 번째 집락에서 모든 조사단위의 합

y_{ij}: i 번째 집락에서의 j 번째 조사단위

단순집락추출에서는 평균이 두 가지가 언급된다. 지금까지는 조사단위의 평균으로 모평균, 모총계, 모비율을 추정하였으나 단순집락추출에는 조사단위의 평균뿐 아니라 집락당 평균도 계산이 같이 되므로 조사단위당 모평균 μ 대신에 조사단위당 모평균 $\overline{\overline{Y}}$를 사용하고 집락당 모평균은 $\overline{Y}$로 표기한다.

6.3.1 모평균 μ의 추정량

집락당 모평균은 $\overline{Y} = \dfrac{\sum_{i=1}^{N} y_i}{N}$이고 조사단위당 모평균은 $\overline{\overline{Y}} = \dfrac{\sum_{i=1}^{N} y_i}{\sum M_i} = \dfrac{\sum_{i=1}^{N}\sum_{j=1}^{M_i} y_{ij}}{\sum M_i}$이다. 따라서 $\overline{Y}$의 불편추정량은 표본집락당 평균이다.

$$\overline{y}_c = \frac{\sum_{i=1}^{n} y_i}{n}$$

여기서 c는 집락(cluster)을 나타내는 첨자이다. 또한 $\overline{\overline{Y}}$의 불편추정량은 표본 집락 조사단위당 평균이다. 그러므로 추정량 $\overline{\overline{y}}_c$는 다음과 같다.

$$\overline{\overline{y}}_c = \frac{\sum_{i=1}^{n} y_i}{\sum_{i=1}^{n} m_i}$$

$\overline{\overline{y}}_c$의 분산추정량은 다음과 같다.

$$\hat{V}(\overline{\overline{y}}_c) = \left(\frac{N-n}{Nn\overline{M}^2}\right)\frac{\sum_{i=1}^{n}(y_i - \overline{\overline{y}}_c m_i)^2}{n-1}$$

$\hat{V}(\overline{\overline{y}}_c)$에서 M_t을 알지 못할 경우 $\overline{M}$ 대신에 $\overline{m}$를 사용할 수 있으며, $\hat{V}(\overline{\overline{y}}_c)$는 $V(\overline{\overline{y}}_c)$의 불편추정량이 아니다. 그러나 n이 클수록 $\hat{V}(\overline{\overline{y}}_c)$는 $V(\overline{\overline{y}}_c)$의 좋은 추정량이 될 수 있다.

예제 6.1

어느 한 대학에 50개의 동아리가 있다 하자. 그중에서 11개의 동아리를 뽑아 동아리 회원에 따른 예산을 조사하였다. 동아리 회원에 따른 예산의 평균과 분산을 추정하여라.

동아리	회원의 수	동아리당 예산	동아리	회원의 수	동아리당 예산
i	m_i	y_i (만 원)	i	m_i	y_i (만 원)
1	15	160	7	19	210
2	14	210	8	34	290
3	42	500	9	53	510
4	25	310	10	61	470
5	12	170	11	25	320
6	17	180	합계	317	3,330

풀이 모평균에 대한 추정값은 식에 의해서 계산이 가능하며 결과는 아래와 같다.

$$\bar{\bar{y}}_c = \frac{\sum_{i=1}^{n} y_i}{\sum_{i=1}^{n} m_i} = \frac{3,330}{317} = 10.51(\text{만원})$$

따라서 동아리 회원당 예산의 평균 추정량은 10.51만원이다. 또한 동아리당 예산은 다음과 같다.

$$\bar{y}_c = \frac{3,330}{11} = 302.73$$

이번에는 분산의 추정값을 계산해 보자. 분산의 추정값을 계산하는 데는 아래의 통계량의 값이 필요하다.

$$\begin{aligned}\sum_{i=1}^{11} y_i^2 &= y_1^2 + y_2^2 + \cdots + y_{11}^2 \\ &= (160)^2 + (210)^2 + \cdots + (320)^2 \\ &= 1,188,700(\text{만 원})^2\end{aligned}$$

$$\begin{aligned}\sum_{i=1}^{11} m_i^2 &= m_1^2 + m_2^2 + \cdots + m_{11}^2 \\ &= (15)^2 + (14)^2 + \cdots + (25)^2 = 11,915\end{aligned}$$

$$\begin{aligned}\sum_{i=1}^{11} y_i m_i &= y_1 m_1 + y_2 m_2 + \cdots + y_{11} m_{11} \\ &= (160)(15) + (210)(14) + \cdots + (320)(25) \\ &= 116,740\end{aligned}$$

총 제곱합의 계산은 위의 결과를 이용하여 아래와 같이 쉽게 구할 수가 있다.

$$\sum_{i=1}^{11}(y_i - \overline{\overline{y}}_c m_i)^2 = \sum_{i=1}^{11} y_i^2 - 2\overline{\overline{y}}_c \sum_{i=1}^{11} y_i m_i + \overline{\overline{y}}_c^2 \sum_{i=1}^{11} m_i^2$$
$$= 1,188,700 - 2(10.51)(116,740) + (10.51)^2(11,915)$$
$$= 50,957.3$$

대학의 총 동아리의 총 회원수인 M_t 을 알 수 없기 때문에 식에 주어진 $\overline{M}$ 대신에 표본에서 구한 평균 성인수 $\overline{m}$ 를 이용하여 분산의 추정값을 계산해야 한다. 평균 성인수 $\overline{m}$ 는 아래와 같이 주어진다.

$$\overline{m} = \frac{\sum_{i=1}^{11} m_i}{11} = \frac{317}{11} = 28.82$$

예에서 집락의 총수는 $N = 50$으로 주어졌으므로 분산추정값 $\hat{V}(\overline{\overline{y}}_c)$를 구할 수 있다.

$$\hat{V}(\overline{\overline{y}}_c) = \left(\frac{N-n}{Nn\,\overline{m}^2}\right)\frac{\sum_{i=1}^{n}(y_i - \overline{\overline{y}}_c m_i)^2}{n-1}$$
$$= \left[\frac{50-11}{(50)(11)(28.82)^2}\right]\left(\frac{50,957.3}{10}\right)$$
$$= 0.435$$

연습예제 6.1

어느 한 지역에 30개의 병원이 있다고 가정하자. 그 30개의 병원 중에서 7개의 병원을 뽑아 병원당 환자수와 환자당 진료비용을 조사하였다. 병원당 진료비용 평균을 구하고 환자당 진료비용에 따른 평균과 분산을 추정하여라.

병원	환자수	병원당 환자 진료비용	환자수×비용
i	m_i	y_i (만 원)	$m_i \times y_i$
1	121	1890	228,690
2	221	3200	707,200
3	321	5459	1,752,339
4	123	3100	381,300
5	112	2210	247,520

6	131	2170	284,270
7	98	1800	176,400
합계	1,127	19,829	3,777,719

6.3.2 모총계 τ의 추정량

단순집락추출에서 모총계 τ는 추정량은 다음과 같이 모집단에 있는 조사단위의 총수에 조사단위당 평균을 곱한 것이 된다.

$$\hat{\tau}_c = M_t \overline{\overline{y}}_c = M_t \frac{\sum_{i=1}^{n} y_i}{\sum_{i=1}^{n} m_i}$$

또한 $\hat{\tau}_c$의 분산 추정량은 다음과 같다.

$$\hat{V}(\hat{\tau}_c) = \hat{V}(M_t \overline{\overline{y}}_c) = M_t^2 \hat{V}(\overline{\overline{y}}_c)$$

$$= N^2 \left(\frac{N-n}{Nn} \right) \frac{\sum_{i=1}^{n} (y_i - \overline{\overline{y}}_c m_i)^2}{n-1}$$

6.3.3 M_t을 모르는 경우의 모총계 τ의 추정량

때에 따라서는 모집단에 있는 조사단위의 총수를 모르는 경우가 있으므로 이 경우는 모집단에 있는 집락의 총수에 표본 집락당 평균을 곱하여 얻을 수 있다.

$$\hat{\tau}_c = N\overline{y}_c = \frac{N}{n} \sum_{i=1}^{n} y_i$$

여기서 $\overline{y}_c$는 표본 집락당 평균이다. 즉, $\overline{y}_c = \frac{1}{n} \sum_{i=1}^{n} y_i$. $\hat{\tau}_c$의 분산 추정량은 앞 절에서의 결과와 동일하다.

• 예제 6.2

다음과 같은 모집단을 가정하자. 10개의 스터디 그룹이 있는데 각 그룹마다 5명의 학생이 있다 하자. 이 10개의 그룹 중 3개를 임의로 추출하였다. 다음 표는 추출된 집락과 각 집락에 포함된 학생들의 각각 소유하고 있는 책의 권수이다. 여기서 전체 그룹에 대한 학생들의 평균과 총계를 추정하고자 한다.

집락	학생들의 소유 책
집락1	5 6 7 8 5
집락2	6 7 1 2 5
집락3	2 4 3 5 6

풀이

$$N=10,\ n=3,\ m_1=m_2=m_3=5,\ \overline{m}=\frac{15}{3}=5,\ M_t=50$$

이고,

$$y_1=(5+6+7+8+5)=31,\ y_2=21,\ y_3=20$$

이다.

학생들이 소유하고 있는 책의 모평균의 추정량은 다음과 같다.

$$\hat{\overline{\overline{Y}}}=\overline{\overline{y}}_c=\frac{\sum_{i=1}^{n}y_i}{\sum_{i=1}^{n}m_i}=\frac{5+6+\cdots+6}{5+5+5}=4.8$$

$\overline{\overline{y}}_c$의 분산추정량의 추정량은 식에 의해

$$\hat{V}(\overline{\overline{y}}_c)=\left(\frac{N-n}{Nn\overline{M}^2}\right)\frac{\sum_{i=1}^{n}(y_i-\overline{\overline{y}}_c m_i)^2}{n-1}$$

$$=\frac{(10-3)}{10\cdot3\cdot5^2}\left[\frac{(31-24)^2+(21-24)^2+(20-24)^2}{3-1}\right]$$

$$=\frac{7}{750}\frac{74}{2}=0.345$$

전체가 소유하고 있는 총 책의 권수, 즉 모총계의 추정량은 식에서

$$\hat{\tau}_c=M_t\overline{\overline{y}}_c=50\times4.8=240$$

모집단의 집락당 평균을 모를 경우는 식에 의해

$$\hat{\tau}_c = N\bar{y}_c = \frac{N}{n}\sum_{i=1}^{n} y_i = \frac{10}{3}(31+21+20) = 240$$

$\hat{\tau}_c$의 분산 추정량은 다음과 같이 구할 수 있다.

$$\hat{V}(\hat{\tau}_c) = \hat{V}(M_t \bar{\bar{y}}_c) = M_t^2 \hat{V}(\bar{\bar{y}}_c) = 50^2 \times 0.345 = 863.33$$

또는,

$$\hat{V}(\hat{\tau}_c) = N^2\left(\frac{N-n}{Nn}\right)\frac{\sum_{i=1}^{n}(y_i - \bar{\bar{y}}_c m_i)^2}{n-1}$$

$$= 100 \times \frac{7}{30} \times \frac{74}{2} = 863.33$$

집락	N	평균	표준편차	표준오차
1	5	6.2000	1.30384	0.58310
2	5	4.2000	2.58844	1.15758
3	5	4.0000	1.58114	0.70711
합계	15	4.8000	2.04241	0.52735

연습예제 6.2

역시 다음과 같은 모집단을 가정하자. 30개의 동아리가 있다 하자. 이 30개의 동아리 중 3개를 임의로 추출하였다. 다음은 동아리당 회원들의 가족 숫자이다. 여기서 전체 동아리에 대한 가족들의 평균과 총계를 추정하고자 한다.

집락	가족수
집락1	4 4 3 5 3
집락2	4 2 4 1 4 4
집락3	5 3 3 4 3 4 4

정리하면 단순임의추출, 층화임의추출, 계통추출의 경우 등에서 지금까지 계속 언급해 왔듯이 모평균에 모집단 총계를 곱하여 얻는다. 단순집락추출의 경우도 동일하다. 그러나 단순집락추출의 경우 모평균이 두 가지가 존재한다. 집락당 모평균과 조사단위당 모평균, 따라서 모총계를 추정하는 방법도 두 가지가 될 것이다. 하나는 집락당 모평균에 모집단 집락의 개수를 곱하는 것이고 다른 하나는 조사단위당 모평균에 모집

단 조사단위의 개수를 곱하는 것이다 모총계 추정의 분산은 모평균 추정의 집락당 분산에 모집단 집락의 개수의 제곱과 모평균 추정의 조사단위당 분산에 모집단 조사단위의 개수의 제곱으로 얻어진다. 물론 결과는 집락당이나 조사단위당이나 똑같이 얻어진다.

6.4 | 모비율 p 의 추정량

단순집락추출을 통해서도 비율을 추정할 수가 있다. 다음은 각 집락추출에 의한 모비율의 추정량이다.

$$\hat{p}_c = \frac{\sum_{i=1}^{n} a_i}{\sum_{i=1}^{n} m_i}$$

a_i 는 관심 있는 특징을 지닌 i 번째 집락에서 조사단위의 총합을 표시한다.

$\hat{p}_t$ 의 분산추정량은 다음과 같다.

$$\hat{V}(\hat{p}_c) = \left(\frac{N-n}{Nn\overline{M}^2}\right)\frac{\sum_{i=1}^{n}(a_i - \hat{p}\,m_i)^2}{n-1}$$

예제 6.3

10개의 학생그룹에서 3그룹의 학생들을 추출하여 이 그룹들 중 안경 낀 비율을 조사하였더니 다음과 같은 결과를 얻었다. 안경 낀 학생들의 비율 $\hat{p}_c$의 추정값과 그 분산의 추정치를 구하여라.

집락	학생 수	안경 낀 학생 수
1	30	20
2	40	20
3	50	30

풀이 식에 의해

$$\hat{p} = \frac{\sum_{i=1}^{n} a_i}{\sum_{i=1}^{n} m_i} = \frac{(20+20+30)}{(30+40+50)} = \frac{7}{12} = 0.583$$

분산의 추정치는 다음과 같이 구할 수 있다.
먼저

$$\sum_{i=1}^{n}(a_i - \hat{p}\, m_i)^2 = \sum a_i^2 - 2\hat{p}\sum a_i m_i + \hat{p^2}\sum m_i^2$$

를 구하기 위하여 다음을 구하여 보자.

$$\sum a_i^2 = 20^2 + 20^2 + 30^2 = 1,700$$
$$\sum a_i m_i = 20 \times 30 + 20 \times 40 + 30 \times 50 = 2,900$$
$$\sum m_i^2 = 30^2 + 40^2 + 50^2 = 5,000$$

따라서

$$\begin{aligned}\sum_{i=1}^{n}(a_i - \hat{p}\, m_i)^2 &= \sum a_i^2 - 2\hat{p}\sum a_i m_i + \hat{p^2}\sum m_i^2 \\ &= 1,700 - 2 \times 0.583 \times 2,900 + (0.583)^2 \times 5,000 \\ &= 18.06\end{aligned}$$

이다.

또 $\overline{M}$을 모르기 때문에 $\overline{m}$에 의해 추정되어

$$\overline{m} = \sum \frac{m_i}{n} = \frac{120}{3} = 40$$

을 이용한다. 따라서 결과는 다음과 같다.

$$\begin{aligned}\hat{V}(\hat{p}) &= \left(\frac{N-n}{Nn\overline{M}^2}\right)\frac{\sum_{i=1}^{n}(a_i - \hat{p}\, m_i)^2}{n-1} \\ &= \frac{10-3}{10 \times 3 \times 40^2} \times \frac{18.06}{3-1} = 0.00132\end{aligned}$$

연습예제 6.3

30개의 학과에서 3학과를 추출하여 학교 입학시 정시로 입학한 학생들을 조사하였더니 다음과 같은 결과를 얻었다. 정시에 입학한 학생들의 비율 $\hat{p}$의 추정값과 그 분산의 추정치를 구하여라.

학과	학생 수	정시입학 학생 수
1	35	15
2	35	15
3	40	20

6.5 | 집락의 크기가 같은 경우 ($M_1 = M_2 = \cdots = M_N = M,\ m_1 = m_2 = \cdots = m_n = m$)

이 경우 추정량 $\overline{\overline{y}}_c$는 모평균 $\overline{\overline{Y}}$의 불편추정량이고, $\hat{V}(\overline{\overline{y}}_c)$은 $V(\overline{\overline{y}}_c)$의 불편추정량이 된다. 모총계 τ의 두 추정량 $M_t\overline{\overline{y}}_c$와 $N\overline{y}_c$는 같다. 조사 단위당 모평균의 추정량을 $\overline{\overline{y}}_c$은 다음과 같이 간단하게 표시할 수 있다.

$$\overline{\overline{y}}_c = \frac{1}{m}\left(\frac{1}{n}\sum_{i=1}^{n} y_i\right) = \frac{1}{m\,n}\sum_{i=1}^{n}\sum_{j=1}^{m} y_{ij}$$

여기서 y_{ij}는 i 번째 집락 내의 j 번째 조사단위이다. 따라서 $\overline{\overline{y}}_c$의 분산은 다음과 같다.

$$\begin{aligned}\hat{V}(\overline{\overline{y}}_c) &= \left(\frac{N-n}{N}\right)\left(\frac{1}{nm^2}\right)\left(\frac{1}{n-1}\right)\sum_{i=1}^{n}(y_i - \overline{y}_c)^2 \\ &= \left(\frac{N-n}{N}\right)\frac{1}{m^2 n(n-1)}\sum_{i=1}^{n}(m\overline{y}_i - m\overline{\overline{y}}_c)^2 \\ &= \left(\frac{N-n}{N}\right)\frac{1}{n(n-1)}\sum_{i=1}^{n}(\overline{y}_i - \overline{\overline{y}}_c)^2\end{aligned}$$

여기서 분산을 단순화하기 위하여 총 제곱합을 두 성분으로 다음과 같이 분해할 수 있다.

$$\sum_{i=1}^{n}\sum_{j=1}^{m}(y_{ij}-\overline{\overline{y}}_c)^2=\sum_{i=1}^{n}\sum_{j=1}^{m}(y_{ij}-\overline{y}_i)^2+\sum_{i=1}^{n}\sum_{j=1}^{m}(\overline{y}_i-\overline{\overline{y}}_c)^2$$

$$=\sum_{i=1}^{n}\sum_{j=1}^{m}(y_{ij}-\overline{y}_i)^2+m\sum_{i=1}^{n}(\overline{y}_i-\overline{\overline{y}}_c)^2$$

또

$$\overline{y}_c=\frac{1}{n}\sum_{i=1}^{n}y_i=m\overline{\overline{y}}_c$$

이다.

앞서 언급했듯이 집락 간의 차이가 적을수록 분산이 적어진다. 따라서 실제응용에 있어서는 집락 간에 차이가 적을수록 좋다.

총 제곱합(Total Sum of Square : SST)
=집락 내 제곱합(Within cluster Sum of Square: SSW)
+집락 간 제곱합(Between cluster Sum of Square: SSB)

집락 간의 평균제곱(Between Cluster Mean Square: MSB)과 집락 내의 평균제곱(Within Cluster Mean Square: MSW)은 다음과 같다.

$$MSB=\frac{SSB}{n-1}=\frac{m}{n-1}\sum_{i=1}^{n}(\overline{y}_i-\overline{\overline{y}}_c)^2$$

$$MSW=\frac{SSW}{n(m-1)}=\frac{1}{n(m-1)}\sum_{i=1}^{n}\sum_{j=1}^{m}(y_{ij}-\overline{y}_i)^2$$

따라서

$$\hat{V}(\overline{\overline{y}}_c)=\left(\frac{N-n}{N}\right)\frac{1}{nm}MSB$$

$$=\left(\frac{N-n}{N}\right)\frac{1}{nm}\frac{m}{n-1}\sum_{i=1}^{n}(\overline{y}_i-\overline{\overline{y}}_c)^2$$

이다.

예제 6.4

[예제 6.2]에서 다시 한번 본 절의 식 중심으로 일인당 책의 평균 권수를 추정하고 분산 추정치를 구하여라.

식에서

$$\bar{\bar{y}}_c = \frac{1}{m}\left(\frac{1}{n}\sum_{i=1}^{n} y_i\right) = \frac{1}{m\,n}\sum_{i=1}^{n}\sum_{j=1}^{m} y_{ij}$$

$$= \frac{1}{5\times 3}(5+6+\cdots+6) = 4.8$$

이는 [예6.2]의 값과 동일하다.

또 분산의 추정치를 구해보자. 먼저 MSB를 구해야 한다.

$$MSB = \frac{SSB}{n-1} = \frac{m}{n-1}\sum_{i=1}^{n}(\bar{y}_i - \bar{\bar{y}}_c)^2$$

$$= \frac{5}{3-1}\left[(6.2-4.8)^2 + (4.2-4.8)^2 + (4.0-4.8)^2\right]$$

$$= 7.4$$

따라서

$$\hat{V}(\bar{\bar{y}}_c) = \left(\frac{N-n}{N}\right)\frac{1}{nm}MSB$$

$$= \frac{10-3}{10}\frac{1}{5\times 3}7.4 = 0.345$$

분산분석표

	제곱합	df	평균제곱	F	유의확률
집단 간	14.800	2	7.400	2.037	0.173
집단 내	43.600	12	3.633		
합계	58.400	14			

연습예제 6.4

다음과 같은 모집단을 가정하자. 10개의 바구니가 있다 하자. 바구니당 네 개의 주머니가 있는데 그 주머니에 구슬이 있다. 전체 바구니에 이 구슬의 개수를 추정하고자 한다. 이 10개의 바구니 중에 2개를 임의로 추출하였더니 다음과 같은 구슬의 개수가 나왔다. 여기서 전체 바구니에 대한 구슬의 평균과 총계를 추정하라.

집락	바구니당 구슬
1	4 4 3 5
2	5 6 5 4

집락의 크기가 같은 경우 앞서 언급한 평균뿐 아니라 총계, 비율로도 얼마든지 동일하게 확장할 수 있다. 다음은 단순집락추출에서의 분산분석을 다루기로 한다.

6.6 | 단순집락추출에서의 분산분석

층화임의추출에서와 유사하게 단순집락추출에서도 모집단 또는 표본을 이용하여 분산분석을 이용하면 효과가 있다. 즉 분산분석을 통해 평균이 집락 간에 차이가 없다고 하게 되면 단순집락추출로서 좋은 것이고 차이가 있다고 결론이 나면 단순집락추출로서는 좋지 않다는 이야기이다. 분산분석이란 집단 간의, 여기서는 집락 간의 모평균의 차이가 있는지를 검정하는 것이므로 평균을 중심으로 언급할 것이다. 다음은 모집단의 경우 분산분석표를 만든 것이다.

요인	자유도	제곱합	평균제곱
집락 간(SSB)	$N-1$	$\sum\sum(\overline{Y}_i - \overline{\overline{Y}})^2$	MSB
집락 내(SSW)	$N(M-1)$	$\sum\sum(y_{ij} - \overline{Y}_i)^2$	MSW
총계(SST)	$NM-1$	$\sum\sum(y_{ij} - \overline{\overline{Y}})^2$	S^2

$\dfrac{MSB}{MSW}$의 값이 크면 각 집락별로 평균이 같다는 가설을 기각하게 되므로 집락추출로는 적당하지 않다는 이야기가 된다. 즉, MSB가 크다는 이야기는 집락 간의 변이가 크다는 말이므로 그만큼 추출해야 될 군집이 많아지게 된다. 또 다른 표현으로서 계통추출에서 언급한 적이 있는 급내상관계수에 대하여 언급해보자. 여기서 급내상관계수(intracluster correlation coefficient)로 다음과 같이 두 가지로 표현할 수 있다.

$$\rho = 1 - \frac{M}{M-1}\frac{SSW}{SST}$$

또 계통추출에서 언급한 것과 비슷하게 다음과 같이 표현할 수도 있다.

$$\rho = \frac{E(y_{ij} - \overline{\overline{Y}})(y_{ij'} - \overline{\overline{Y}})}{E(y_{ij} - \overline{\overline{Y}})^2}$$

$$= \frac{2\sum_{i=1}^{N}\sum_{j<j'}^{M}(y_{ij} - \overline{\overline{Y}})(y_{ij'} - \overline{\overline{Y}})}{(M-1)(NM-1)S^2}$$

이를 통해 다음과 같이 $\overline{\overline{y}}_c$의 분산을 정리할 수 있다.

모집단 N에서 n개의 집락을 복원으로 단순임의추출을 한다 하자. 각 집락의 크기는 동일하게 M이다. 이 경우 $\overline{\overline{y}}_c$의 분산은 다음과 같이 쓸 수 있다.

$$V(\overline{\overline{y}}_c) = \frac{N-n}{Nn}\frac{NM-1}{M^2(N-1)}S^2[1+(M-1)\rho]$$

$$\fallingdotseq \frac{N-n}{N}\frac{S^2}{nM}[1+(M-1)\rho]$$

여기서 $S^2 = \frac{\sum_{i=1}^{N}\sum_{j=1}^{M}(y_{ij} - \overline{\overline{Y}})^2}{NM-1}$이다.

크기가 nM개인 단순임의추출과 단순집락추출과의 상대 효율성을 비교할 수 있다. 크기가 nM개인 단순임의추출의 $\overline{\overline{y}}_{ran}$의 분산은 다음과 같이 표현이 가능하다.

$$V(\overline{\overline{y}}_{ran}) = \frac{NM-nM}{NM}\frac{S^2}{nM} = \frac{N-n}{N}\frac{S^2}{nM}$$

따라서 단순임의추출에 대한 단순집락추출의 상대효율은 다음과 같다.

$$RE(cl|ran) = \frac{V(\overline{\overline{y}}_{ran})}{V(\overline{\overline{y}}_{cl})} = \frac{1}{1+(M-1)\rho}$$

위의 식에서 RE가 1보다 크게 될 조건은 $1 > 1+(M-1)\rho$이므로 $\rho < 0$이다. 이는 단순집락추출이 단순임의추출보다 효율이 높아지는 조건을 의미하는데 이는 집락 내 조사단위가 서로 이질적인 경우를 말한다. 또한 $\rho > 0$이면 단순집락추출은 단순임의추출보다 효율이 낮다. 이 경우에는 집락단위 내 조사단위가 서로 동질적인 것을 말한다.

좀더 자세히 이야기하면 급내상관계수는 집락 내 조사단위가 동질적이고 집락 간이 서로 이질적이면 1에 가까워지고($SSW \fallingdotseq 0$이면 $\rho \fallingdotseq 1$)이면 반대로 집락 내 조사단위가 서로 이질적이고 집락 간에 서로 동질적이면 음의 값을 갖는다. 그러므로 급내상관계수는 집락 내에 조사단위 간의 동질성을 측정하는 측도(measure of homogeneity)가 된다.

상대효율의 역수를 설계효과(design effect: deff)라 한다. 단순임의추출에 대한 단순집락추출의 설계효과는 다음과 같다.

$$\text{deff} = 1 + (M-1)\rho$$

예제 6.5

다음과 같이 2개의 모집단이 있다고 가정하자 각 모집단의 집락은 3이고 각 집단마다 3개의 조사단위가 있다 하자.

	모집단 1	모집단 2
집락1	10 20 30	9 10 11
집락2	11 20 32	17 20 20
집락3	9 17 31	31 32 30

풀이 다음은 각 모집단들 간의 집락들의 평균과 분산이다.

	모집단 1	모집단 2
	평균 분산	평균 분산
집락1	20 100	10 1
집락2	21 111	19 3
집락3	19 124	31 1

전체 평균은 $\overline{\overline{Y}} = 20$이고 분산은 $S^2 = 84.5$이다. 또 각각의 분산분석표는 다음과 같다,

모집단 1

요인	자유도	제곱합	평균제곱	F
집락 간(SSB)	2	6	3	0.03
집락 내(SSW)	6	670	111.67	
총 계(SST)	8	676	84.5	

모집단 2

요인	자유도	제곱합	평균제곱	F
집락 간(SSB)	2	666	333	199.8
집락 내(SSW)	6	10	1.67	
총 계(SST)	8	676	84.5	

그러므로 급내상관계수가 모집단 1인 경우는

$$\rho_1 = 1 - \left(\frac{3}{2}\right)\frac{670}{676} = -0.4867$$

이고, 모집단 2인 경우는

$$\rho_2 = 1 - \left(\frac{3}{2}\right)\frac{10}{676} = 0.9778$$

이다.

또 다른 방법을 통해서 급내상관계수를 구해보자. 먼저 식 내에서 $\sum_{i=1}^{N}\sum_{j<j'}^{M}(y_{ij} - \overline{\overline{Y}})(y_{ij'} - \overline{\overline{Y}})$를 구해야 한다.

$i = 1$인 경우를 계산하면

$$(10-20)(20-20) + (10-20)(30-20) + (20-20)(30-20) = -100$$

이고 동일하게 $i = 2$, $i = 3$에 대해 구하면 -108과 -121이 나온다. 이를 식 ρ_1에 대입하여 풀면 다음과 같다.

$$\begin{aligned}\rho_1 &= \frac{2\sum_{i=1}^{N}\sum_{j<j'}^{M}(y_{ij} - \overline{\overline{Y}})(y_{ij'} - \overline{\overline{Y}})}{(M-1)(NM-1)S^2} \\ &= \frac{2(-100-108-121)}{(3\times 3-1)(3-1)(84.5)} = -0.4867\end{aligned}$$

이다. 마찬가지로 모집단 2에서의 급내상관계수 ρ_2도 동일하게 구할 수 있다.

예제 6.6

앞의 [예제 6.2]에서 표본분산분석을 만들어 보면 다음과 같다.

요인	자유도	제곱합	평균제곱	F
집락 간(SSB)	$3-1=2$	14.8	7.4	2.04
집락 내(SSW)	$3(5-1)=12$	43.6	3.63	
총 계(SST)	$3(5)=14$	58.4	4.17	

이 자료는 10개의 스터디 그룹의 모집단의 표본에 의한 분산분석표이므로 모집단 분산분석표를 추정한다면 $\widehat{SSB} = 9 \times 7.4 = 66.6$을 추정하여 다음과 같이 만들 수 있다.

요인	자유도	제곱합	평균제곱	F
집락 간(SSB)	9	66.6	7.4	2.04
집락 내(SSW)	40	145.2	3.63	
총 계(SST)	49	211.8	211.8/49 = 4.32	

이 경우의 급락상관계수는 다음과 같이 추정할 수 있다.

$$\hat{\rho} = 1 - \frac{5}{5-1}\frac{145.2}{211.8} = 0.143$$

따라서 $\widehat{V}(\overline{\overline{y}}_c)$는 다음과 같이 추정된다.

$$\begin{aligned}\widehat{V}(\overline{\overline{y}}_c) &= \frac{N-n}{Nn}\frac{NM-1}{M^2(N-1)}s^2\left[1+(M-1)\hat{\rho}\right] \\ &= \frac{10-3}{10\times 3}\frac{10\cdot 5-1}{5^2(10-1)}4.32\left[1+(5-1)(0.143)\right] \\ &\fallingdotseq 0.345\end{aligned}$$

이는 [예제 6.2]에서의 분산 값과 거의 동일하다.

연습예제 6.6

[연습예제 6.4] (계속) 다음과 같은 모집단을 가정하자. 10개의 바구니가 있다 하자. 바구니당 4개의 주머니가 있는데 그 주머니에 구슬이 있다. 전체 바구니에 이 구슬의 개수를 추정하고자 한다. 10개의 바구니 중에 2개를 임의로 추출하였더니 다음과 같은 구슬의 개수가 나왔다. 이 결과를 이용하여 표본분산분석표 구하고 모집단 분산분석표를 추정하여라.

집락	바구니당 구슬
1	4 4 3 5
2	5 6 5 4

6.7 | 단순집락추출에서의 표본크기의 결정

단순집락추출법에서도 다른 추출법에서와 동일하게 모집단에서 얼마의 표본을 추출해야하는지를 고려해야 할 경우가 생긴다. 먼저 단순집락추출법에서 표본에서의 표본크기 결정시 고려하여야 할 경우는 다음 두 가지이다. 집락의 수(n)와 집락크기(m), 따라서 우선 집락의 수(n)를 고정시키고 집락크기(m)를 결정하는 방법이 있겠고 또 다른 하나는 집락크기(m)를 고정시키고 집락의 수(n)를 정하는 방법이 있을 수 있다. 여기서는 집락의 크기는 정해져 있다고 가정하고 집락의 수를 결정하는 방법을 보기로 한다.

6.7.1 모평균 추정에 필요한 표본집락의 수 추정

각 집락에 대해 집락의 크기가 같을 경우에 평균의 분산의 추정량을 다시 표현하면 다음과 같다.

$$\begin{aligned}\hat{V}(\bar{\bar{y}}_c) &= \left(\frac{N-n}{N}\right)\left(\frac{1}{nm^2}\right)\left(\frac{1}{n-1}\right)\sum_{i=1}^{n}(y_i-\bar{y}_c)^2 \\ &= \left(\frac{N-n}{N}\right)\left(\frac{1}{nm^2}\right)s_c^2\end{aligned}$$

여기서 $s_c^2 = \left(\frac{1}{n-1}\right)\sum_{i=1}^{n}(y_i-\bar{y}_c)^2$로 집락당 분산이다.

따라서 최대허용오차 d(=추정오차의 한계)가 미리 주어진 경우에 다음과 같이 집락의 수를 얻게 된다($z\sqrt{\hat{V}(\bar{\bar{y}})}=d$ 에서).

$$n = \frac{Nz^2 s_c^2}{Nd^2 m^2 + z^2 s_c^2}$$

$$= \frac{N\ s_c^2}{N\ D + s_c^2}$$

여기서 $D = \frac{d^2 m^2}{z^2}$ 이다.

● 예제 6.7

어느 지역에 가구당 동거 평균 가족 수를 조사하기 위하여 해당 마을 총 50마을 중 5개 마을을 추출하여 조사한 가구당 가족 수를 조사하였다. 참고로 50개 마을의 총 가구는 알려져 있지 않다. 최대허용오차를 0.3으로 하고 신뢰구간을 95%로 할 경우 얼마나 많은 마을을 표본으로 뽑아야 하는가? (표 끝의 숫자는 합이다.)

마을	가구 수	가족 수												
1	8	2	2	3	2	1	2	2	5					19
2	9	2	4	2	4	4	2	3	3	2	6			26
3	12	4	2	2	4	5	7	2	2	3	2	3	3	39
4	10	2	4	2	2	4	3	2	1	2	2			24
5	10	4	3	1	1	1	3	2	2	1	3			21

풀이 기준에 맞는 집락의 수를 추정하기 위해 먼저 s_c^2를 구하여야 한다.

$$s_c^2 = \left(\frac{1}{n-1}\right)\sum_{i=1}^{n}(y_i - \bar{y}_c)^2$$

$$= \frac{(19-25.8)^2 + \cdots + (21-25.8)}{4} = \frac{246.8}{4} = 61.7$$

최대허용오차 $d = 0.3$이고, 신뢰구간은 95%이므로 $z = 1.96$에서 요구분산은 다음과 같다.

$$D = \frac{d^2 m^2}{z^2} = \frac{(0.3)^2 \times 9.8^2}{(1.96)^2} = 2.25$$

여기서 m은 일정하지 않으므로 표본 집락의 평균, 즉 가구의 마을 평균을 사용하였다. 따라서 식에서

$$n = \frac{Ns_c^2}{ND + s_c^2} = \frac{50 \times 61.7}{50 \times 2.25 + 61.7} = \frac{3085}{174.2} = 17.71$$

따라서 약 18마을이 필요하다.

연습예제 6.7

어느 대학의 스터디 모임을 대상으로 평균 용돈을 조사하기 위하여 해당 스터디 모임 총 50개 중 5개를 추출하여 조사한 스터디 학생들의 용돈을 조사하였다. 스터디 모임이 모두 5명으로 동일하다고 하자. 최대허용오차를 1만원으로 하고 신뢰구간을 95%로 할 경우 얼마나 많은 동아리를 표본으로 뽑아야 하는가? (표 끝의 숫자는 합이다.) (단위 1만원)

마을	학생수	용돈					
1	5	17	23	31	21	22	114
2	5	21	22	27	21	31	122
3	5	22	31	37	32	25	147
4	5	31	21	29	19	26	126
5	5	12	31	26	26	31	126

6.7.2 모총계 추정에 필요한 표본집락의 수 추정

① M_t을 아는 경우, 즉 모집단 개체의 크기를 아는 경우에는 총계를 $\hat{\tau} = NM_t\,\bar{\bar{y}}$ 로 추정하여 다음과 같이 총계의 분산의 추정량을 계산할 수 있다.
$z\sqrt{\hat{V}(\hat{\tau}_c)} = zNM_t\sqrt{\hat{V}(\bar{\bar{y}}_c)} = d$를 이용하여 다음과 같은 표본집락의 수를 구할 수 있다.

$$n = \frac{N^2 z^2 s_c^2}{d^2 + N z^2 s_c^2}$$

$$= \frac{Ns_c^2}{ND + s_c^2}$$

여기서 $D = \dfrac{d^2}{z^2 N^2}$이다.

② M을 모르는 경우에는 총 모집단 집락수에 집락당 평균을 곱하여 총계를 구하는 식 $\hat{\tau}_c = N\bar{y}_c$에서 총계의 분산의 추정량을 다음과 같이 구할 수 있다.

$$\hat{V}(\hat{\tau}_c) = N^2\hat{V}(\bar{y}_c)$$

$$= N^2 \frac{N-n}{N} \frac{s_c^2}{n},\ s_c^2 = \frac{1}{n-1} \sum_i^n (y_i - \overline{y}_c)^2$$

따라서 추정오차 한계 d가 주어진 경우($z\sqrt{\widehat{V}(\hat{\tau}_c)} = d$) 식으로부터 표본집락의 수 n을 구하면 다음과 같다.

$$n = \frac{N^2 z^2 s_c^2}{d^2 + N z^2 s_c^2} = \frac{N s_c^2}{N D + s_c^2}$$

여기서 $D = \dfrac{d^2}{z^2 N^2}$이다.

예제 6.8

[예제 6.7] (계속) 어느 지역에 가구당 동거 총 가족 수를 조사하기 위하여 해당 마을 총 50마을 중 5개 마을을 추출하여 조사한 가구당 가족 수를 조사하였다. 참고로 50개 마을의 총 가구는 알려져 있지 않다. 최대허용오차를 30으로 하고 신뢰구간을 95%로 할 경우 얼마나 많은 마을을 표본으로 뽑아야 하는가? (표 끝의 숫자는 합이다. 표는 [예제 6.7]과 동일)

풀이 평균추정을 위한 경우와 마찬가지로 총계추정에서도 기준에 맞는 집락의 수를 추정하기 위해 먼저 s_c^2를 구하여야 한다.

$$s_c^2 = \left(\frac{1}{n-1}\right) \sum_{i=1}^n (y_i - \overline{y}_c)^2 = \frac{(19-25.8)^2 + \cdots + (21-25.8)}{4} = \frac{246.8}{4} = 61.7$$

최대허용오차 $d = 30$이고, 신뢰구간은 95%이므로 $z = 1.96$에서 요구분산은 다음과 같다.

$$D = \frac{d^2}{z^2 N^2} = \frac{30^2}{1.96^2 \times 50^2} = 0.35945$$

$$n = \frac{N s_c^2}{N D + s_c^2} = \frac{50 \times 61.7}{50 \times 0.35945 + 61.7} = 38.7211$$

즉 이 경우는 39개 마을이 필요하다.

연습예제 6.8

[연습예제 6.7] 어느 대학의 스터디 모임을 대상으로 총 용돈을 조사하기 위하여 해당 스터디 모임 총 50개 중 5개를 추출하여 조사한 스터디 학생들의 용돈을 조사하였다. 스터디 모임이 모두 5명으로 동일하다고 하자. 최대허용오차를 1만원으로 하고 신뢰구간을 95%로 할 경우 얼마나 많은 동아리를 표본으로 뽑아야 하는가? (표 끝의 숫자는 합이다.) (단위 1만원) (표는 [연습예제 6.7]과 동일)

6.7.3 모비율 추정에 필요한 표본집락의 수 추정

모평균 추정에 필요한 표본 집락 수 추정의 식에서 y_i를 a_i로 $\overline{y}_c$를 $\hat{p}_c m_i$로 바꾸어 식을 사용하면 다음과 같다.

$$\hat{V}(\hat{p}_c) = \left(\frac{N-n}{Nn\overline{M}^2}\right)\frac{\sum_{i=1}^{n}(a_i - \hat{p}_c m_i)^2}{n-1}$$
$$= \left(\frac{N-n}{Nn\overline{M}^2}\right)s_{\hat{p}}^2$$

여기서 $s_{\hat{p}}^2 = \frac{1}{n-1}\sum_{i}^{n}(a_i - \hat{p}_c m_i)^2$이다.

최대허용오차 d(=추정오차의 한계)로 놓으면($z\sqrt{\hat{V}(\hat{p}_c)} = d$) 다음과 같은 식을 통해 표본 집락의 크기를 구할 수 있다.

$$n = \frac{Nz^2 s_{\hat{p}}^2}{Nd^2\overline{M}^2 + z^2 s_{\hat{p}}^2}$$
$$= \frac{Ns_{\hat{p}}^2}{ND + s_{\hat{p}}^2}$$

여기서 $D = \frac{d^2 \cdot \overline{M}^2}{z^2}$이다.

예제 6.9

45개의 병원에서 5개의 병원을 추출하여 이 5개 병원의 남자환자 수를 조사하였더니 다음과 같다.

병원	환자 수	남자 수
병원 1	56	23
병원 2	42	22
병원 3	45	31
병원 4	53	32
병원 5	63	32
합계	259	140

남자환자의 비율의 추정값 $\hat{p}_c$를 구하고 그 분산의 추정치를 구하여라. 또 최대허용오차를 0.05로 할 경우 얼마의 표본을 뽑아야 하나?

풀이 남자환자의 비율 추정값은 다음과 같다.

$$\hat{p}_c = \frac{\sum_{i=1}^{n} a_i}{\sum_{i=1}^{n} m_i} = \frac{140}{259} = 0.541$$

또한 분산의 추정치를 구하여 다음을 계산하여 분산의 추정치를 얻을 수 있다.

$$\sum a_i^2 = 4,022$$

$$\sum a_i m_i = 7,319$$

$$\sum m_i^2 = 13,703$$

$$\sum_{i=1}^{n} (a_i - \hat{p}_c m_i)^2 = \sum a_i^2 - 2\hat{p}\sum a_i m_i + \hat{p}^2 \sum m_i^2 \ = 113,449$$

$$\overline{m} = \sum \frac{m_i}{n} = 51.8$$

$$\hat{V}(\hat{p}) = \left(\frac{N-n}{Nn\overline{M}^2}\right)\frac{\sum_{i=1}^{n}(a_i - \hat{p}_c m_i)^2}{n-1} = 0.0188$$

또 표본의 크기를 구하기 위하여 비율 추정치의 분산을 구하고 표본의 크기를 구하면 다음과 같다.

$$s_{\hat{p}}^2 = \frac{1}{n-1}\sum_{i}^{n}(a_i - \hat{p}_c m_i)^2 = 28.34$$

$$n = \frac{Nz^2 s_{\hat{p}}{}^2}{Nd^2 \overline{M}^2 + z^2 s_{\hat{p}}{}^2} = 11.93$$

따라서 12개의 병원이 필요하다.

연습예제 6.9

[연습예제 6.9] 어느 대학의 30개의 학과에서 5개의 학과를 추출하여 이 5개 학과의 남학생 수를 조사하였더니 다음과 같다.

학과	환자수	남자수
학과 1	35	3
학과 2	35	29
학과 3	35	21
학과 4	35	12
학과 5	35	26
합계	175	91

이 대학의 남학생 비율의 추정값 $\hat{p}_c$를 구하고 그 분산의 추정치를 구하여라. 또 최대허용오차를 0.05로 할 경우 얼마의 표본을 뽑아야 하나?

제 7 장

이단집락추출

7.1 | 이단집락추출

이단집락추출은 단순집락추출의 확장으로 단순집락추출을 통해 얻는 집락들로부터 다시 단순임의추출을 통하여 조사단위를 추출하는 방법을 말한다. 같은 수의 단순임의추출보다 이단집락추출이 더 쉽고 비용도 적게 든다. 그 이유는 넓은 지역과 같은 모집단의 경우 단순임의추출보다는 집락을 일차적으로 추출하고 그 다음에 조사단위를 선택하기 때문이다. 추출방법은 첫째 모집단의 특성, 비용, 변수에 따라 추출방법이 달라질 수 있다. 여러 상황에 따라 추출방법이 달라질 수 있다는 이야기이다. 이단집락추출법은 적은 집락을 뽑고, 많은 조사단위를 뽑느냐 아니면 많은 집락을 뽑되 적은 조사단위를 뽑느냐를 선택해야 된다.

7.2 | 모평균과 모총계의 추정

거의 단순집락추출과 비슷한 수식이므로 단순집락추출의 수식을 이해하면 이단집락추출도 이해할 수 있다.

N: 모집단에 있는 집락의 수(primary sampling units: PSS)

n: 단순임의추출을 통해 추출된 집락의 수

M_i: i 번째 집락에서 조사단위의 수(second sampling units: SSU)

m_i: i 번째 집락으로부터 단순임의추출된 조사단위의 수

$M_t = \sum_{i=1}^{N} M_i$: 모집단에 있는 조사단위의 총수

$\overline{M} = \frac{M_t}{N}$: 모집단의 평균집락의 크기

y_{ij}: i 번째 집락에서 추출된 j 번째 조사단위

$\overline{y}_i = \frac{1}{m_i} \sum_{j=1}^{m_i} y_{ij}$: i 번째 집락에서 표본평균

$\overline{\overline{y}}$: 표본 조사단위의 총평균

7.2.1 조사단위의 모평균의 추정과 분산 추정

조사단위의 모평균과 모평균의 추정량은 다음과 같다.

모평균

$$\overline{\overline{Y}} = \frac{\left(\frac{N}{M_t}\right)\sum_{i=1}^{N} M_i \overline{Y}_i}{N} = \frac{\sum_{i=1}^{N} M_i \overline{Y}_i}{M_t}$$

모평균의 추정량

$$\overline{\overline{y}} = \left(\frac{N}{M_t}\right)\frac{\sum_{i=1}^{n} M_i \overline{y}_i}{n}$$

여기서 $\overline{\overline{y}}$는 $\overline{\overline{Y}}$의 불편추정량이다. 이단집락추출의 경우 편의상 첨자를 안 쓰기로 한다.

$\overline{\overline{y}}$의 분산은 다음과 같다.

$$V(\overline{\overline{y}}) = \left(\frac{N-n}{N}\right)\left(\frac{1}{n\overline{M}^2}\right)S_b^2 + \frac{1}{nN\overline{M}^2}\sum_{i=1}^{N} M_i^2\left(\frac{M_i - m_i}{M_i}\right)\left(\frac{S_i^2}{m_i}\right)$$

여기서

$$S_b^2 = \frac{\sum_{i=1}^{N}(M_i\overline{Y}_i - \overline{M}\overline{\overline{Y}})^2}{N-1}, \quad S_i^2 = \frac{\sum_{j=1}^{M_i}(y_{ij} - \overline{Y}_i)^2}{M_i - 1}, \quad i = 1,\ 2,\ \cdots,\ n$$

이다.

여기서 S_b^2는 모집단의 집락 간 모분산이고 S_i^2은 i번째 집락 내에 조사단위 간 모분산이다. $\overline{\overline{y}}$의 분산 추정량은 다음과 같다.

$$\hat{V}(\overline{\overline{y}}) = \left(\frac{N-n}{N}\right)\left(\frac{1}{n\overline{M}^2}\right)s_b^2 + \frac{1}{nN\overline{M}^2}\sum_{i=1}^{N} M_i^2\left(\frac{M_i - m_i}{M_i}\right)\left(\frac{s_i^2}{m_i}\right)$$

여기서

$$s_b^2 = \frac{\sum_{i=1}^{n}(M_i\bar{y}_i - \overline{M}\bar{\bar{y}})^2}{n-1}, \quad s_i^2 = \frac{\sum_{j=1}^{m_i}(y_{ij} - \bar{y}_i)^2}{m_i - 1}, \quad i = 1, 2, \cdots, n$$

이다.

7.2.2 모총계의 추정과 분산 추정

모총계의 추정량은 다음과 같다.

$$\hat{\tau} = M_t\bar{\bar{y}} = \frac{N\sum_{i=1}^{n}M_i\bar{y}_i}{n}$$

역시 $\hat{\tau}$의 분산추정량은 다음과 같다.

$$\begin{aligned}\hat{\sigma}_{\hat{\tau}}^2 &= \hat{V}(\hat{\tau}) = M_t^2\,\hat{V}(\bar{\bar{y}}) \\ &= \left(\frac{N-n}{N}\right)\left(\frac{N^2}{n}\right)s_b^2 + \frac{N}{n}\sum_{i=1}^{n}M_i^2\left(\frac{M_i - m_i}{M_i}\right)\left(\frac{s_i^2}{m_i}\right)\end{aligned}$$

예제 7.1

학교를 대상으로 학생의 가족 수를 조사하고자 한다. 총 10(N)개의 학교가 있다. 그 중에서 3(n)개 학교를 뽑았다. 뽑힌 3개 학교에서 5(m_i)명씩을 조사했더니 다음과 같은 가족 수가 얻어졌다. 학교마다 100($\overline{M}$)명의 학생들이 있다하자.

학교	가족 수				
학교 1	2	1	0	2	3
학교 2	2	2	5	3	2
학교 3	2	1	3	2	3

전체 학생의 가족 평균과 총 가족 수를 추정하여라.

풀이

$$\bar{y}_1 = \frac{2+1+0+2+3}{5} = 1.6, \quad \hat{\tau}_1 = 100 \times 1.6 = 160$$

$$\bar{y}_2 = \frac{2+2+5+3+2}{5} = 2.8, \quad \hat{\tau}_1 = 100 \times 2.8 = 280$$

$$\bar{y}_3 = \frac{2+1+3+2+3}{5} = 2.2,\ \hat{\tau}_3 = 100 \times 2.2 = 220$$

$$\bar{\bar{y}} = \frac{10}{1,000}\frac{(100\times 1.6 + 100\times 2.8 + 100\times 2.2)}{3} = 2.2$$

$$\hat{\tau} = 1,000 \times 2.2 = 2,200$$

$$s_b^2 = \frac{(100\times 1.6 - 100\times 2.2)^2 + (100\times 2.8 - 100\times 2.2)^2 + (100\times 2.2 - 100\times 2.2)^2}{3-1}$$

$$= 100^2\frac{(1.6-2.2)^2 + (2.8-2.2)^2 + (2.2-2.2)^2}{3-1}$$

$$= 3,600$$

$$s_1^2 = \frac{(2-1.6)^2 + (1-1.6)^2 + (0-1.6)^2 + (2-1.6)^2 + (3-1.6)^2}{5-1} = 1.3$$

$$s_2^2 = 1.7$$

$$s_3^2 = 0.7$$

$$\hat{V}(\bar{\bar{y}}) = \frac{10-3}{10}\left(\frac{1}{3\times 100^2}\right)\times 3600$$
$$+ \frac{1}{3\times 10\times 100^2}\left(100^2\frac{100-5}{100}\frac{1.3}{5} + 100^2\frac{100-5}{100}\frac{1.7}{5}\right.$$
$$\left. + 100^2\frac{100-5}{100}\frac{0.7}{5}\right)$$
$$= 0.107$$

● 예제 7.2

다음과 같은 가상 예를 생각해보자. 3개 그룹이 있고 각 그룹마다 3명의 학생이 있는데 각 학생이 소지하고 있는 책의 수를 다음과 같다 하자. 이 중에 두 그룹을 뽑아 그 중에서 다시 두 명씩을 뽑는다 할 때,

(1) 학생당 평균 및 총계를 구하여라.

(2) 또 모든 가능한 경우를 구하여라.

그룹	책 수		
그룹 1	1	3	5
그룹 2	3	5	7
그룹 3	5	7	9

풀이 (1) $N=3,\ n=2, M_i=3,\ m_i=2,\ \overline{M}=\dfrac{\sum M_i}{N}=\dfrac{9}{3}=3$이다. 만일 표본으로 첫 번째 그룹과 두 번째 그룹을 뽑고 또다시 첫 번째 그룹에서는 (3, 5)가 추출되고 두 번째 그룹에서는 (5, 7)이 추출되었다 하자.

학생당 소지하고 있는 책의 모평균의 추정량은 다음과 같다.

$$\overline{\overline{y}}=\left(\frac{N}{M_t}\right)\frac{\sum_{i=1}^{n}M_i\overline{y}_i}{n}=\frac{3}{9}\frac{(3\times4+3\times6)}{2}=5$$

또 $\overline{\overline{y}}$의 분산 추정량은 분산식에 의해

$$\hat{V}(\overline{\overline{y}})=\left(\frac{N-n}{N}\right)\left(\frac{1}{n\overline{M}^2}\right)s_b^2+\frac{1}{nN\overline{M}^2}\sum_{i=1}^{n}M_i^2\left(\frac{M_i-m_i}{M_i}\right)\left(\frac{s_i^2}{m_i}\right)$$

여기서

$$s_b^2=\frac{\sum_{i=1}^{n}(M_i\overline{y}_i-\overline{M}\overline{\overline{y}})^2}{n-1},\quad s_i^2=\frac{\sum_{j=1}^{m_i}(y_{ij}-\overline{y}_i)^2}{m_i-1},\ i=1,\ 2,\ \cdots,\ n$$

이다.

이 식을 통해 s_b^2와 s_1^2, s_2^2을 구하면 다음과 같다.

$$s_b^2=\frac{\sum_{i=1}^{n}(M_i\overline{y}_i-\overline{M}\overline{\overline{y}})^2}{n-1}=\frac{(3\times4-3\times5)^2+(3\times6-3\times5)^2}{2-1}=18$$

$$s_1^2=\frac{\sum_{j=1}^{m_1}(y_{1j}-\overline{y}_1)^2}{m_1-1}=\frac{[(3-4)^2+(5-4)^2]}{2-1}=2$$

$$s_2^2=\frac{\sum_{j=1}^{m_2}(y_{2j}-\overline{y}_2)^2}{m_2-1}=\frac{[(5-6)^2+(7-6)^2]}{2-1}=2$$

따라서

$$\hat{V}(\overline{\overline{y}})=\left(\frac{N-n}{N}\right)\left(\frac{1}{n\overline{M}^2}\right)s_b^2+\frac{1}{nN\overline{M}^2}\sum_{i=1}^{n}M_i^2\left(\frac{M_i-m_i}{M_i}\right)\left(\frac{s_i^2}{m_i}\right)$$

$$= \frac{3-2}{3}\left(\frac{1}{2\times 3^2}\right)\times 18 + \frac{1}{2\times 3\times 3^2}\left(3^2\frac{(3-2)}{3}\frac{2}{2} + 3^2\frac{(3-2)}{3}\frac{2}{2}\right)$$

$$= \frac{4}{9}$$

이다.

모총계 추정은 식에서

$$\hat{\tau} = M_t\overline{\overline{y}} = N\frac{\sum_{i=1}^{n} M_i\overline{y}_i}{n} = 9\times 5 = 45$$

이다. 표본총계의 분산 추정은 표본평균의 분산 추정에 M을 제공하여 구할 수 있다. 따라서 표본총계의 분산 추정은 다음과 같다.

$$\hat{V}(\hat{\tau}) = M_t^2\,\hat{V}(\overline{\overline{y}}) = 9^2\times\frac{4}{9} = 36$$

(2) 모든 가능한 표본의 수는 $\binom{N}{n}\binom{M_1}{m_1}\binom{M_2}{m_2} = \binom{3}{2}\binom{3}{2}\binom{3}{2} = 27$가지이며 이들에 대한 τ의 추정값은 아래 표에 나타나 있다.

〈표 7.1〉 모든 가능 표본에 대한 $\hat{\tau}$

표본	1	2	$\hat{\tau}$	표본	1	3	$\hat{\tau}$	표본	2	3	$\hat{\tau}$
s_1	1, 3	3, 5	27	s_{10}	1, 3	5, 7	36	s_{19}	3, 5	5, 7	45
s_2		3, 7	31.5	s_{11}		5, 9	40.5	s_{20}		5, 9	49.5
s_3		5, 7	36	s_{12}		7, 9	45	s_{21}		7, 9	54
s_4	1, 5	3, 5	31.5	s_{13}	1, 5	5, 7	40.5	s_{22}	3, 7	5, 7	49.5
s_5		3, 7	36	s_{14}		5, 9	45	s_{24}		5, 9	54
s_6		5, 7	40.5	s_{15}		7, 9	49.5	s_{23}		7, 9	58.5
s_7	3, 5	3, 5	36	s_{16}	3, 5	5, 7	45	s_{25}	5, 7	5, 7	54
s_8		3, 7	40.5	s_{17}		5, 9	49.5	s_{26}		5, 9	58.5
s_9		5, 7	45	s_{18}		7, 9	54	s_{27}		7, 9	63
총계			324				405				486

추정값 $\left(\hat{\tau} = M_t\overline{\overline{y}} = N\cdot\frac{\sum M_i\overline{y}_i}{n}\right)$을 각 표본에 대해서 계산한 결과는 위의의 표에 주어져 있으며, $\hat{\tau}$의 기대값은 $E(\hat{\tau}) = \frac{1}{27}\sum_{k=1}^{27}\hat{\tau}_k = \frac{1}{27}(1215) = 45$

이고 이는 $\tau=45$와 같음을 알 수 있다.

모든 가능한 표본 27 경우에 대해서 계산한 분산 추정값 $\hat{V}(\hat{\tau})$이 아래 표에 나타나 있으며 이를 이용하여 계산된 $\hat{V}(\hat{\tau})$의 기대값은

$$E(\hat{V}(\hat{\tau}))=\frac{1}{27}(36+83.25+\ \cdots\ +36)=\frac{1}{27}(2187)=81$$

여기서 $\hat{V}(\hat{\tau})$의 기대값은 $V(\hat{\tau})$가 됨을 알 수 있다.

〈표 7.12 모든 가능 표본에 대한 $\hat{V}(\hat{\tau})$

표본	s_b^2	$s_1^2+s_2^2$	$\hat{V}(\hat{\tau})$	표본	s_b^2	$s_1^2+s_2^2$	$\hat{V}(\hat{\tau})$	표본	s_b^2	$s_1^2+s_2^2$	$\hat{V}(\hat{\tau})$
s_1	18.0	4	36	s_{10}	72.0	4	117	s_{19}	18.0	4	36
s_2	40.5	10	83.25	s_{11}	112.5	10	191.25	s_{20}	40.5	10	83.25
s_3	72.0	4	117	s_{12}	162.0	4	252	s_{21}	72.0	4	117
s_4	4.5	10	29.25	s_{13}	40.5	10	83.25	s_{22}	4.5	10	29.25
s_5	18.0	16	63	s_{14}	72.0	16	144	s_{24}	18.0	16	63.0
s_6	40.5	10	83.25	s_{15}	112.0	10	191.25	s_{23}	40.5	10	83.25
s_7	0.0	4	9	s_{16}	18.0	4	36	s_{25}	0.0	4	9
s_8	4.5	10	29.25	s_{17}	40.5	10	29.25	s_{26}	4.5	10	29.25
s_9	18.0	4	36	s_{18}	72.0	4	117	s_{27}	18.0	4	36
								합계	1134.0	216	2187

7.3 | 집락의 크기가 같은 경우 $(M_1=M_2=\cdots=M_N=M)$

이 경우에 각 집락마다 같은 크기의 표본을 $m_1=m_2=\cdots=m_n=m$와 같이 뽑게 되므로, 식을 간단하게 할 수 있다.

모평균 추정량

$$\bar{\bar{y}}=\frac{1}{n}\sum_{i=1}^{n}\bar{y}_i \quad \text{또는} \quad \bar{\bar{y}}=\frac{1}{n\,m}\sum_{i=1}^{n}\sum_{j=1}^{m}y_{ij}$$

표본평균의 분산추정량

$$\hat{V}(\bar{\bar{y}}) = (1-f_1)\frac{MSB}{nm} + (1-f_2)\left(\frac{1}{N}\right)\frac{MSW}{m}$$

여기서

$$f_1 = \frac{n}{N},\ f_2 = \frac{m}{M}$$

$$MSB = \frac{m}{n-1}\sum_{i=1}^{n}(\bar{y}_i - \bar{\bar{y}})^2$$

$$MSW = \frac{1}{n(m-1)}\sum_{i=1}^{n}\sum_{j=1}^{m}(y_{ij} - \bar{y}_i)^2$$

$$= \frac{1}{n}\sum_{i=1}^{n}s_i^2$$

이다. 이 경우에 다음과 같은 특수한 세 가지 경우를 보도록 하자.

① N이 클 경우에는 $\hat{V}(\bar{\bar{y}}) = \frac{MSB}{nm}$이 된다.

② $m = M$ 인 경우($f_2 = 1$)에는 이단집락추출이 단순집락추출이 된다.

③ $n = N$ 인 경우 $\hat{V}(\bar{\bar{y}}) = (1-f_2)\frac{MSW}{nm}$와 같다. 즉, $n = N$ 개의 층이 있고 각 층에서 m 개의 조사 단위를 추출하는 층화임의추출법에서 얻어지는 분산추정치와 같다.

예제 7.3

[예제 7.2]의 (1)의 결과를 갖고 $\hat{V}(\bar{\bar{y}})$를 계산하여라.

풀이 위의 식에서

$$MSB = \frac{m}{n-1}\sum_{i=1}^{n}(\bar{y}_i - \bar{\bar{y}})^2 = \frac{2}{2-1}[(4-5)^2 + (6-5)^2] = 4$$

$$MSW = \frac{1}{n(m-1)}\sum_{i=1}^{n}\sum_{j=1}^{m}(y_{ij} - \bar{y}_i)^2$$

$$= \frac{1}{2(2-1)}[(3-4)^2 + (5-4)^2 + (5-6)^2 + (7-6)^2]$$

$$= 2$$

따라서 $\overline{\overline{y}}$의 분산의 추정량은 다음과 같다.

$$\begin{aligned}\hat{V}(\overline{\overline{y}}) &= (1-f_1)\frac{MSB}{nm} + (1-f_2)\left(\frac{1}{N}\right)\frac{MSW}{m} \\ &= \left(1-\frac{2}{3}\right)\frac{4}{2 \cdot 2} + \left(1-\frac{2}{3}\right)\frac{1}{3}\frac{2}{2} = \frac{4}{9}\end{aligned}$$

연습예제 7.3

이번에는 만일 표본으로 첫 번째 그룹과 두 번째 그룹을 뽑고 또다시 첫 번째 그룹에서는 (1,3)이 추출되고 두 번째 그룹에서는 (3,5)가 추출되었다 하자. 이 경우의 평균과 총계 및 표본평균의 분산, 표본총계의 분산을 추정하여라

7.4 | 모비율 추정

이단집락추출법에서도 모비율을 추정할 수 있다. 모비율의 추정은 다음과 같다.

$$\hat{p} = \frac{N}{M_t}\frac{\sum_{i=1}^{n} M_i \hat{p}_i}{n}$$

$\hat{p}$의 분산 추정량

$$\hat{V}(\hat{p}) = \left(\frac{N-n}{N}\right)\left(\frac{1}{n\overline{M}^2}\right)s_r^2 + \frac{1}{nN\overline{M}^2}\sum_{i=1}^{n} M_i^2\left(\frac{M_i - m_i}{M_i}\right)\left(\frac{\hat{p}_i\hat{q}_i}{m_i - 1}\right)$$

여기서

$$s_r^2 = \frac{\sum_{i=1}^{n}(M_i\hat{p}_i - \overline{M}\hat{p})^2}{n-1}, \quad \hat{q}_i = 1 - \hat{p}_i$$

이다.

집락의 크기가 같은 경우($M_1 = M_2 = \cdots = M_N = M$)에는 다음과 같다.

$$\hat{p} = \frac{\sum_{i=1}^{n} M_i \hat{p}_i}{\sum_{i=1}^{n} M_i}$$

이 비율의 분산은 식에서 s_r^2만 다음과 같이 간단해진다.

$$s_{\hat{p}}^2 = \frac{\sum_{i=1}^{n} M_i^2 (\hat{p}_i - \hat{p})^2}{n-1}, \quad \hat{q}_i = 1 - \hat{p}_i$$

• 예제 7.4

어떤 학교에 $N=5$개의 반이 있다. 이 중에 $n=2$개의 반을 추출, 그 중에 10명을 추출하여 안경 낀 수를 보니 5명과 3명이었다. 한 반에 평균 50명이라 하고 안경 낀 비율과 비율의 분산을 추정하여라.

풀이 $N=5, n=2,\ M_i=50,\ m_i=10$이므로 식에서

$$\hat{p} = \frac{\sum_{i=1}^{n} M_i \hat{p}_i}{\sum_{i=1}^{n} M_i} = \frac{50 \times \frac{5}{10} + 50 \times \frac{3}{10}}{50+50} = \frac{2}{5}$$

$\hat{p}$의 분산 추정량은 다음과 같이 구할 수 있다.

$$\hat{V}(\hat{p}) = \left(\frac{N-n}{N}\right)\left(\frac{1}{n\overline{M}^2}\right)s_{\hat{p}}^2 + \frac{1}{nN\overline{M}^2}\sum_{i=1}^{n} M_i^2 \left(\frac{M_i - m_i}{M_i}\right)\left(\frac{\hat{p}_i \hat{q}_i}{m_i - 1}\right)$$

먼저

$$s_{\hat{p}}^2 = \frac{\sum_{i=1}^{n} M_i^2 (\hat{p}_i - \hat{p})^2}{n-1}$$

$$= \frac{50^2\left[\left(\frac{5}{10} - \frac{4}{10}\right)^2 + \left(\frac{3}{10} - \frac{4}{10}\right)^2\right]}{2-1} = 50$$

이므로 $\hat{p}$의 분산추정량은 다음과 같다.

$$\hat{V}(\hat{p}) = \left(\frac{5-2}{5}\right)\left(\frac{1}{2\times 50^2}\right)\times 50 + \frac{1}{2\times 5\times 50^2}\left[50^2\left(\frac{50-10}{50}\right)\left(\frac{\frac{5}{10}\times\frac{5}{10}}{10-1}\right)\right.$$
$$\left. + 50^2\left(\frac{50-10}{50}\right)\left(\frac{\frac{3}{10}\times\frac{7}{10}}{10-1}\right)\right]$$
$$= 0.008$$

연습예제 7.4

어떤 병원에 30개의 병실이 있다. 또한 병실마다 10명의 환자가 있다고 하자. 이 30개의 병실에서 3개 병실을 추출하였고 그 병실마다 5명을 추출하여 특정지역에 사는 인원을 조사해보니 2명, 3명, 3명이었다. 특정지역에 사는 비율과 비율의 분산을 추정하여라.

부록

[부록 1] 난수표

28490	53247	60996	56135	10445	49145	92834	30410	24261
14926	47079	24321	63216	61174	87996	26441	86180	71435
44916	48636	18571	45994	18028	65977	23231	86142	37389
27511	12265	88671	86442	99067	67601	82657	44702	10921
63712	22231	71392	37743	36015	51207	33102	29233	28722
86770	77302	79886	83424	71588	63306	50865	96543	81131
65334	22583	15457	81382	21537	58312	35404	61962	97104
42107	35559	91969	34026	12511	77404	89487	36721	37081
84635	99277	64908	51951	93977	39902	26203	32937	68092
39844	29614	37285	35066	32565	59669	70546	63986	74549
47713	59394	91651	49365	62123	53262	56294	94284	83451
60761	39232	59425	30787	73466	32421	36369	18030	38298
51732	62790	88649	85380	48397	78244	90499	80975	20898
91176	10360	29199	15050	32896	78984	77890	25209	76742
82409	51463	15014	80769	44421	72035	57560	79130	65328
95941	43290	18654	62586	79211	92415	51379	69515	52568
32599	11422	22384	58192	23673	26754	27121	96967	49554
77820	66591	88635	41393	78905	66571	60686	14034	29219
16704	24013	15068	29091	44565	97797	72434	42153	97427
46172	24241	51561	79985	13382	91055	60018	22371	32323
93951	55289	49784	56230	31417	69344	89725	69386	82064
42499	29454	30140	17020	90116	65185	82209	68465	84031
12699	49382	42865	30392	62729	25216	10387	36050	27596
48651	54022	84023	20724	97732	17673	59228	24363	15675
58989	44952	82421	62048	82406	75182	38685	69137	67383
74363	60872	13046	85938	14844	95812	48529	94708	96509
40042	16353	18541	34480	51424	77919	79448	51169	64797
96525	63422	12121	22029	93708	80263	42767	83015	45189
66739	34490	86151	53699	43127	24212	41981	80394	71945
24309	81459	71696	18240	68142	32675	29333	36619	50865
93467	63530	87640	93456	58527	19477	90160	64931	70181
50253	34776	25061	24592	60266	79845	28526	84885	74708
17535	12636	26224	24656	88285	53741	55527	27980	74538
14208	15205	83459	60602	49726	23947	97781	36065	72537
57413	52100	25745	58038	80425	66952	16739	42928	17878
61789	56765	38494	15222	36757	27921	66503	53523	87035
49557	31438	35606	77208	87562	10657	94620	15893	51078
42797	57253	44554	28525	17385	75626	69266	23388	52495
84439	49388	16803	22942	90543	28096	23234	89743	75639
26350	35727	55082	10306	66720	45924	70816	57662	78402
89786	40737	48948	61165	41817	44939	79906	55757	72058
51566	40657	33086	89646	71049	45602	37866	28014	90833
69137	90587	66057	79615	22959	28971	98038	10490	21713
95436	90238	37952	92828	11010	40482	60439	55683	16009

[부록 2] 정규분포표

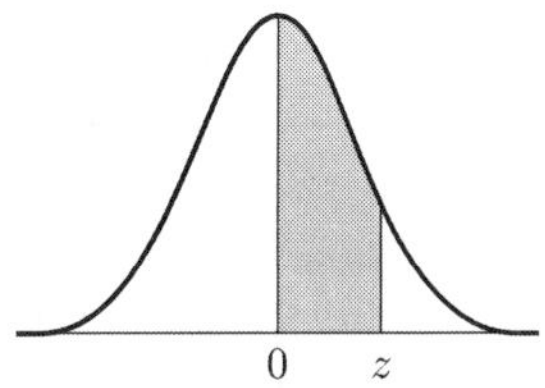

z	+0.00	+0.01	+0.02	+0.03	+0.04	+0.05	+0.06	+0.07	+0.08	+0.09
0.0	0.00000	0.00399	0.00798	0.01197	0.01595	0.01994	0.02392	0.02790	0.03188	0.03586
0.1	0.03980	0.04380	0.04776	0.05172	0.05567	0.05966	0.06360	0.06749	0.07142	0.07535
0.2	0.07930	0.08317	0.08706	0.09095	0.09483	0.09871	0.10257	0.10642	0.11026	0.11409
0.3	0.11791	0.12172	0.12552	0.12930	0.13307	0.13683	0.14058	0.14431	0.14803	0.15173
0.4	0.15542	0.15910	0.16276	0.16640	0.17003	0.17364	0.17724	0.18082	0.18439	0.18793
0.5	0.19146	0.19497	0.19847	0.20194	0.20540	0.20884	0.21226	0.21566	0.21904	0.22240
0.6	0.22575	0.22907	0.23237	0.23565	0.23891	0.24215	0.24537	0.24857	0.25175	0.25490
0.7	0.25804	0.26115	0.26424	0.26730	0.27035	0.27337	0.27637	0.27935	0.28230	0.28524
0.8	0.28814	0.29103	0.29389	0.29673	0.29955	0.30234	0.30511	0.30785	0.31057	0.31327
0.9	0.31594	0.31859	0.32121	0.32381	0.32639	0.32894	0.33147	0.33398	0.33646	0.33891
1.0	0.34134	0.34375	0.34614	0.34849	0.35083	0.35314	0.35543	0.35769	0.35993	0.36214
1.1	0.36433	0.36650	0.36864	0.37076	0.37286	0.37493	0.37698	0.37900	0.38100	0.38298
1.2	0.38493	0.38686	0.38877	0.39065	0.39251	0.39435	0.39617	0.39796	0.39973	0.40147
1.3	0.40320	0.40490	0.40658	0.40824	0.40988	0.41149	0.41308	0.41466	0.41621	0.41774
1.4	0.41924	0.42073	0.42220	0.42364	0.42507	0.42647	0.42785	0.42922	0.43056	0.43189
1.5	0.43319	0.43448	0.43574	0.43699	0.43822	0.43943	0.44062	0.44179	0.44295	0.44408
1.6	0.44520	0.44630	0.44738	0.44845	0.44950	0.45053	0.45154	0.45254	0.45352	0.45449
1.7	0.45543	0.45637	0.45728	0.45818	0.45907	0.45994	0.46080	0.46164	0.46246	0.46327
1.8	0.46407	0.46485	0.46562	0.46638	0.46712	0.46784	0.46856	0.46926	0.46995	0.47062
1.9	0.47128	0.47193	0.47257	0.47320	0.47381	0.47441	0.47500	0.47558	0.47615	0.47670
2.0	0.47725	0.47778	0.47831	0.47882	0.47932	0.47982	0.48030	0.48077	0.48124	0.48169
2.1	0.48214	0.48257	0.48300	0.48341	0.48382	0.48422	0.48461	0.48500	0.48537	0.48574
2.2	0.48610	0.48645	0.48679	0.48713	0.48745	0.48778	0.48809	0.48840	0.48870	0.48899
2.3	0.48928	0.48956	0.48983	0.49010	0.49036	0.49061	0.49086	0.49111	0.49134	0.49158
2.4	0.49180	0.49202	0.49224	0.49245	0.49266	0.49286	0.49305	0.49324	0.49343	0.49361
2.5	0.49379	0.49396	0.49413	0.49430	0.49446	0.49461	0.49477	0.49492	0.49506	0.49520
2.6	0.49534	0.49547	0.49560	0.49573	0.49585	0.49598	0.49609	0.49621	0.49632	0.49643
2.7	0.49653	0.49664	0.49674	0.49683	0.49693	0.49702	0.49711	0.49720	0.49728	0.49736
2.8	0.49744	0.49752	0.49760	0.49767	0.49774	0.49781	0.49788	0.49795	0.49801	0.49807
2.9	0.49813	0.49819	0.49825	0.49831	0.49836	0.49841	0.49846	0.49851	0.49856	0.49861
3.0	0.49865	0.49869	0.49874	0.49878	0.49882	0.49886	0.49889	0.49893	0.49896	0.4

[부록 3] t 분포: t 의 기각 값

one-tail	0.50	0.25	0.20	0.15	0.10	0.05	0.025	0.01	0.005	0.001	0.0005
two-tails	1.00	0.50	0.40	0.30	0.20	0.10	0.05	0.02	0.01	0.002	0.001
1	0.000	1.000	1.376	1.963	3.078	6.314	12.71	31.82	63.66	318.31	636.62
2	0.000	0.816	1.061	1.386	1.886	2.920	4.303	6.965	9.925	22.327	31.599
3	0.000	0.765	0.978	1.250	1.638	2.353	3.182	4.541	5.841	10.215	12.924
4	0.000	0.741	0.941	1.190	1.533	2.132	2.776	3.747	4.604	7.173	8.610
5	0.000	0.727	0.920	1.156	1.476	2.015	2.571	3.365	4.032	5.893	6.869
6	0.000	0.718	0.906	1.134	1.440	1.943	2.447	3.143	3.707	5.208	5.959
7	0.000	0.711	0.896	1.119	1.415	1.895	2.365	2.998	3.499	4.785	5.408
8	0.000	0.706	0.889	1.108	1.397	1.860	2.306	2.896	3.355	4.501	5.041
9	0.000	0.703	0.883	1.100	1.383	1.833	2.262	2.821	3.250	4.297	4.781
10	0.000	0.700	0.879	1.093	1.372	1.812	2.228	2.764	3.169	4.144	4.587
11	0.000	0.697	0.876	1.088	1.363	1.796	2.201	2.718	3.106	4.025	4.437
12	0.000	0.695	0.873	1.083	1.356	1.782	2.179	2.681	3.055	3.930	4.318
13	0.000	0.694	0.870	1.079	1.350	1.771	2.160	2.650	3.012	3.852	4.221
14	0.000	0.692	0.868	1.076	1.345	1.761	2.145	2.624	2.977	3.787	4.140
15	0.000	0.691	0.866	1.074	1.341	1.753	2.131	2.602	2.947	3.733	4.073
16	0.000	0.690	0.865	1.071	1.337	1.746	2.120	2.583	2.921	3.686	4.015
17	0.000	0.689	0.863	1.069	1.333	1.740	2.110	2.567	2.898	3.646	3.965
18	0.000	0.688	0.862	1.067	1.330	1.734	2.101	2.552	2.878	3.610	3.922
19	0.000	0.688	0.861	1.066	1.328	1.729	2.093	2.539	2.861	3.579	3.883
20	0.000	0.687	0.860	1.064	1.325	1.725	2.086	2.528	2.845	3.552	3.850
21	0.000	0.686	0.859	1.063	1.323	1.721	2.080	2.518	2.831	3.527	3.819
22	0.000	0.686	0.858	1.061	1.321	1.717	2.074	2.508	2.819	3.505	3.792
23	0.000	0.685	0.858	1.060	1.319	1.714	2.069	2.500	2.807	3.485	3.768
24	0.000	0.685	0.857	1.059	1.318	1.711	2.064	2.492	2.797	3.467	3.745
25	0.000	0.684	0.856	1.058	1.316	1.708	2.060	2.485	2.787	3.450	3.725
26	0.000	0.684	0.856	1.058	1.315	1.706	2.056	2.479	2.779	3.435	3.707
27	0.000	0.684	0.855	1.057	1.314	1.703	2.052	2.473	2.771	3.421	3.690
28	0.000	0.683	0.855	1.056	1.313	1.701	2.048	2.467	2.763	3.408	3.674
29	0.000	0.683	0.854	1.055	1.311	1.699	2.045	2.462	2.756	3.396	3.659
30	0.000	0.683	0.854	1.055	1.310	1.697	2.042	2.457	2.750	3.385	3.646
40	0.000	0.681	0.851	1.050	1.303	1.684	2.021	2.423	2.704	3.307	3.551
60	0.000	0.679	0.848	1.045	1.296	1.671	2.000	2.390	2.660	3.232	3.460
80	0.000	0.678	0.846	1.043	1.292	1.664	1.990	2.374	2.639	3.195	3.416
100	0.000	0.677	0.845	1.042	1.290	1.660	1.984	2.364	2.626	3.174	3.390
1000	0.000	0.675	0.842	1.037	1.282	1.646	1.962	2.330	2.581	3.098	3.300
z	0.000	0.674	0.842	1.036	1.282	1.645	1.960	2.326	2.576	3.090	3.291

[부록 4] 유의 수준 5%인 경우만: *F*분포: *F*의 기각 값

$v2$ \ $v1$	1	2	3	4	5	6	7	8	9	10	12	14	16
1	161.45	199.50	215.71	224.58	230.16	233.99	236.77	238.88	240.54	241.88	243.91	245.36	246.46
2	18.51	19.00	19.16	19.25	19.30	19.33	19.35	19.37	19.38	19.40	19.41	19.42	19.43
3	10.13	9.55	9.28	9.12	9.01	8.94	8.89	8.85	8.81	8.79	8.74	8.71	8.69
4	7.71	6.94	6.59	6.39	6.26	6.16	6.09	6.04	6.00	5.96	5.91	5.87	5.84
5	6.61	5.79	5.41	5.19	5.05	4.95	4.88	4.82	4.77	4.74	4.68	4.64	4.60
6	5.99	5.14	4.76	4.53	4.39	4.28	4.21	4.15	4.10	4.06	4.00	3.96	3.92
7	5.59	4.74	4.35	4.12	3.97	3.87	3.79	3.73	3.68	3.64	3.57	3.53	3.49
8	5.32	4.46	4.07	3.84	3.69	3.58	3.50	3.44	3.39	3.35	3.28	3.24	3.20
9	5.12	4.26	3.86	3.63	3.48	3.37	3.29	3.23	3.18	3.14	3.07	3.03	2.99
10	4.96	4.10	3.71	3.48	3.33	3.22	3.14	3.07	3.02	2.98	2.91	2.86	2.83
11	4.84	3.98	3.59	3.36	3.20	3.09	3.01	2.95	2.90	2.85	2.79	2.74	2.70
12	4.75	3.89	3.49	3.26	3.11	3.00	2.91	2.85	2.80	2.75	2.69	2.64	2.60
13	4.67	3.81	3.41	3.18	3.03	2.92	2.83	2.77	2.71	2.67	2.60	2.55	2.51
14	4.60	3.74	3.34	3.11	2.96	2.85	2.76	2.70	2.65	2.60	2.53	2.48	2.44
15	4.54	3.68	3.29	3.06	2.90	2.79	2.71	2.64	2.59	2.54	2.48	2.42	2.38
16	4.49	3.63	3.24	3.01	2.85	2.74	2.66	2.59	2.54	2.49	2.42	2.37	2.33
17	4.45	3.59	3.20	2.96	2.81	2.70	2.61	2.55	2.49	2.45	2.38	2.33	2.29
18	4.41	3.55	3.16	2.93	2.77	2.66	2.58	2.51	2.46	2.41	2.34	2.29	2.25
19	4.38	3.52	3.13	2.90	2.74	2.63	2.54	2.48	2.42	2.38	2.31	2.26	2.21
20	4.35	3.49	3.10	2.87	2.71	2.60	2.51	2.45	2.39	2.35	2.28	2.22	2.18
21	4.32	3.47	3.07	2.84	2.68	2.57	2.49	2.42	2.37	2.32	2.25	2.20	2.16
22	4.30	3.44	3.05	2.82	2.66	2.55	2.46	2.40	2.34	2.30	2.23	2.17	2.13
23	4.28	3.42	3.03	2.80	2.64	2.53	2.44	2.37	2.32	2.27	2.20	2.15	2.11
24	4.26	3.40	3.01	2.78	2.62	2.51	2.42	2.36	2.30	2.25	2.18	2.13	2.09
25	4.24	3.39	2.99	2.76	2.60	2.49	2.40	2.34	2.28	2.24	2.16	2.11	2.07
26	4.22	3.37	2.98	2.74	2.59	2.47	2.39	2.32	2.27	2.22	2.15	2.09	2.05
27	4.21	3.35	2.96	2.73	2.57	2.46	2.37	2.31	2.25	2.20	2.13	2.08	2.04
28	4.20	3.34	2.95	2.71	2.56	2.45	2.36	2.29	2.24	2.19	2.12	2.06	2.02
29	4.18	3.33	2.93	2.70	2.55	2.43	2.35	2.28	2.22	2.18	2.10	2.05	2.01
30	4.17	3.32	2.92	2.69	2.53	2.42	2.33	2.27	2.21	2.16	2.09	2.04	1.99
35	4.12	3.27	2.87	2.64	2.49	2.37	2.29	2.22	2.16	2.11	2.04	1.99	1.94
40	4.08	3.23	2.84	2.61	2.45	2.34	2.25	2.18	2.12	2.08	2.00	1.95	1.90
50	4.03	3.18	2.79	2.56	2.40	2.29	2.20	2.13	2.07	2.03	1.95	1.89	1.85
60	4.00	3.15	2.76	2.53	2.37	2.25	2.17	2.10	2.04	1.99	1.92	1.86	1.82
70	3.98	3.13	2.74	2.50	2.35	2.23	2.14	2.07	2.02	1.97	1.89	1.84	1.79
80	3.96	3.11	2.72	2.49	2.33	2.21	2.13	2.06	2.00	1.95	1.88	1.82	1.77
90	3.95	3.10	2.71	2.47	2.32	2.20	2.11	2.04	1.99	1.94	1.86	1.80	1.76
100	3.94	3.09	2.70	2.46	2.31	2.19	2.10	2.03	1.97	1.93	1.85	1.79	1.75
120	3.92	3.07	2.68	2.45	2.29	2.18	2.09	2.02	1.96	1.91	1.83	1.78	1.73
150	3.90	3.06	2.66	2.43	2.27	2.16	2.07	2.00	1.94	1.89	1.82	1.76	1.71
200	3.89	3.04	2.65	2.42	2.26	2.14	2.06	1.98	1.93	1.88	1.80	1.74	1.69
250	3.88	3.03	2.64	2.41	2.25	2.13	2.05	1.98	1.92	1.87	1.79	1.73	1.68
300	3.87	3.03	2.63	2.40	2.24	2.13	2.04	1.97	1.91	1.86	1.78	1.72	1.68
400	3.86	3.02	2.63	2.39	2.24	2.12	2.03	1.96	1.90	1.85	1.78	1.72	1.67
500	3.86	3.01	2.62	2.39	2.23	2.12	2.03	1.96	1.90	1.85	1.77	1.71	1.66
600	3.86	3.01	2.62	2.39	2.23	2.11	2.02	1.95	1.90	1.85	1.77	1.71	1.66
750	3.85	3.01	2.62	2.38	2.23	2.11	2.02	1.95	1.89	1.84	1.77	1.70	1.66
1000	3.85	3.00	2.61	2.38	2.22	2.11	2.02	1.95	1.89	1.84	1.76	1.70	1.65

[부록 4] 유의 수준 5%인 경우만[계속]: *F*분포: *F*의 기각 값

$v2$ \ $v1$	18	20	25	30	35	40	50	60	75	100	150	200
1	247.32	248.01	249.26	250.10	250.69	251.14	251.77	252.20	252.62	253.04	253.46	253.68
2	19.44	19.45	19.46	19.46	19.47	19.47	19.48	19.48	19.48	19.49	19.49	19.49
3	8.67	8.66	8.63	8.62	8.60	8.59	8.58	8.57	8.56	8.55	8.54	8.54
4	5.82	5.80	5.77	5.75	5.73	5.72	5.70	5.69	5.68	5.66	5.65	5.65
5	4.58	4.56	4.52	4.50	4.48	4.46	4.44	4.43	4.42	4.41	4.39	4.39
6	3.90	3.87	3.83	3.81	3.79	3.77	3.75	3.74	3.73	3.71	3.70	3.69
7	3.47	3.44	3.40	3.38	3.36	3.34	3.32	3.30	3.29	3.27	3.26	3.25
8	3.17	3.15	3.11	3.08	3.06	3.04	3.02	3.01	2.99	2.97	2.96	2.95
9	2.96	2.94	2.89	2.86	2.84	2.83	2.80	2.79	2.77	2.76	2.74	2.73
10	2.80	2.77	2.73	2.70	2.68	2.66	2.64	2.62	2.60	2.59	2.57	2.56
11	2.67	2.65	2.60	2.57	2.55	2.53	2.51	2.49	2.47	2.46	2.44	2.43
12	2.57	2.54	2.50	2.47	2.44	2.43	2.40	2.38	2.37	2.35	2.33	2.32
13	2.48	2.46	2.41	2.38	2.36	2.34	2.31	2.30	2.28	2.26	2.24	2.23
14	2.41	2.39	2.34	2.31	2.28	2.27	2.24	2.22	2.21	2.19	2.17	2.16
15	2.35	2.33	2.28	2.25	2.22	2.20	2.18	2.16	2.14	2.12	2.10	2.10
16	2.30	2.28	2.23	2.19	2.17	2.15	2.12	2.11	2.09	2.07	2.05	2.04
17	2.26	2.23	2.18	2.15	2.12	2.10	2.08	2.06	2.04	2.02	2.00	1.99
18	2.22	2.19	2.14	2.11	2.08	2.06	2.04	2.02	2.00	1.98	1.96	1.95
19	2.18	2.16	2.11	2.07	2.05	2.03	2.00	1.98	1.96	1.94	1.92	1.91
20	2.15	2.12	2.07	2.04	2.01	1.99	1.97	1.95	1.93	1.91	1.89	1.88
21	2.12	2.10	2.05	2.01	1.98	1.96	1.94	1.92	1.90	1.88	1.86	1.84
22	2.10	2.07	2.02	1.98	1.96	1.94	1.91	1.89	1.87	1.85	1.83	1.82
23	2.08	2.05	2.00	1.96	1.93	1.91	1.88	1.86	1.84	1.82	1.80	1.79
24	2.05	2.03	1.97	1.94	1.91	1.89	1.86	1.84	1.82	1.80	1.78	1.77
25	2.04	2.01	1.96	1.92	1.89	1.87	1.84	1.82	1.80	1.78	1.76	1.75
26	2.02	1.99	1.94	1.90	1.87	1.85	1.82	1.80	1.78	1.76	1.74	1.73
27	2.00	1.97	1.92	1.88	1.86	1.84	1.81	1.79	1.76	1.74	1.72	1.71
28	1.99	1.96	1.91	1.87	1.84	1.82	1.79	1.77	1.75	1.73	1.70	1.69
29	1.97	1.94	1.89	1.85	1.83	1.81	1.77	1.75	1.73	1.71	1.69	1.67
30	1.96	1.93	1.88	1.84	1.81	1.79	1.76	1.74	1.72	1.70	1.67	1.66
35	1.91	1.88	1.82	1.79	1.76	1.74	1.70	1.68	1.66	1.63	1.61	1.60
40	1.87	1.84	1.78	1.74	1.72	1.69	1.66	1.64	1.61	1.59	1.56	1.55
50	1.81	1.78	1.73	1.69	1.66	1.63	1.60	1.58	1.55	1.52	1.50	1.48
60	1.78	1.75	1.69	1.65	1.62	1.59	1.56	1.53	1.51	1.48	1.45	1.44
70	1.75	1.72	1.66	1.62	1.59	1.57	1.53	1.50	1.48	1.45	1.42	1.40
80	1.73	1.70	1.64	1.60	1.57	1.54	1.51	1.48	1.45	1.43	1.39	1.38
90	1.72	1.69	1.63	1.59	1.55	1.53	1.49	1.46	1.44	1.41	1.38	1.36
100	1.71	1.68	1.62	1.57	1.54	1.52	1.48	1.45	1.42	1.39	1.36	1.34
120	1.69	1.66	1.60	1.55	1.52	1.50	1.46	1.43	1.40	1.37	1.33	1.32
150	1.67	1.64	1.58	1.54	1.50	1.48	1.44	1.41	1.38	1.34	1.31	1.29
200	1.66	1.62	1.56	1.52	1.48	1.46	1.41	1.39	1.35	1.32	1.28	1.26
250	1.65	1.61	1.55	1.50	1.47	1.44	1.40	1.37	1.34	1.31	1.27	1.25
300	1.64	1.61	1.54	1.50	1.46	1.43	1.39	1.36	1.33	1.30	1.26	1.23
400	1.63	1.60	1.53	1.49	1.45	1.42	1.38	1.35	1.32	1.28	1.24	1.22
500	1.62	1.59	1.53	1.48	1.45	1.42	1.38	1.35	1.31	1.28	1.23	1.21
600	1.62	1.59	1.52	1.48	1.44	1.41	1.37	1.34	1.31	1.27	1.23	1.20
750	1.62	1.58	1.52	1.47	1.44	1.41	1.37	1.34	1.30	1.26	1.22	1.20
1000	1.61	1.58	1.52	1.47	1.43	1.41	1.36	1.33	1.30	1.26	1.22	1.19

[부록 5] χ^2 분포

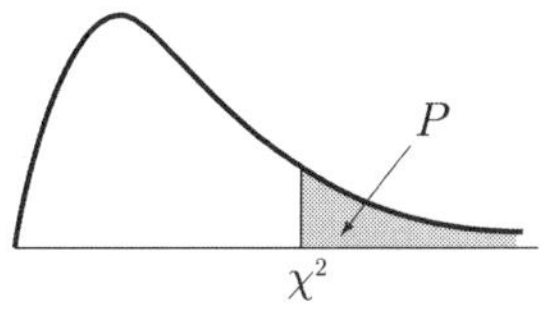

P	0.995	0.975	0.20	0.10	0.05	0.025	0.02	0.01	0.005	0.002	0.001
1	0.0000393	0.000982	1.642	2.706	3.841	5.024	5.412	6.635	7.879	9.550	10.828
2	0.0100	0.0506	3.219	4.605	5.991	7.378	7.824	9.210	10.597	12.429	13.816
3	0.0717	0.216	4.642	6.251	7.815	9.348	9.837	11.345	12.838	14.796	16.266
4	0.207	0.484	5.989	7.779	9.488	11.143	11.668	13.277	14.860	16.924	18.467
5	0.412	0.831	7.289	9.236	11.070	12.833	13.388	15.086	16.750	18.907	20.515
6	0.676	1.237	8.558	10.645	12.592	14.449	15.033	16.812	18.548	20.791	22.458
7	0.989	1.690	9.803	12.017	14.067	16.013	16.622	18.475	20.278	22.601	24.322
8	1.344	2.180	11.030	13.362	15.507	17.535	18.168	20.090	21.955	24.352	26.124
9	1.735	2.700	12.242	14.684	16.919	19.023	19.679	21.666	23.589	26.056	27.877
10	2.156	3.247	13.442	15.987	18.307	20.483	21.161	23.209	25.188	27.722	29.588
11	2.603	3.816	14.631	17.275	19.675	21.920	22.618	24.725	26.757	29.354	31.264
12	3.074	4.404	15.812	18.549	21.026	23.337	24.054	26.217	28.300	30.957	32.909
13	3.565	5.009	16.985	19.812	22.362	24.736	25.472	27.688	29.819	32.535	34.528
14	4.075	5.629	18.151	21.064	23.685	26.119	26.873	29.141	31.319	34.091	36.123
15	4.601	6.262	19.311	22.307	24.996	27.488	28.259	30.578	32.801	35.628	37.697
16	5.142	6.908	20.465	23.542	26.296	28.845	29.633	32.000	34.267	37.146	39.252
17	5.697	7.564	21.615	24.769	27.587	30.191	30.995	33.409	35.718	38.648	40.790
18	6.265	8.231	22.760	25.989	28.869	31.526	32.346	34.805	37.156	40.136	42.312
19	6.844	8.907	23.900	27.204	30.144	32.852	33.687	36.191	38.582	41.610	43.820
20	7.434	9.591	25.038	28.412	31.410	34.170	35.020	37.566	39.997	43.072	45.315
21	8.034	10.283	26.171	29.615	32.671	35.479	36.343	38.932	41.401	44.522	46.797
22	8.643	10.982	27.301	30.813	33.924	36.781	37.659	40.289	42.796	45.962	48.268
23	9.260	11.689	28.429	32.007	35.172	38.076	38.968	41.638	44.181	47.391	49.728
24	9.886	12.401	29.553	33.196	36.415	39.364	40.270	42.980	45.559	48.812	51.179
25	10.520	13.120	30.675	34.382	37.652	40.646	41.566	44.314	46.928	50.223	52.620
26	11.160	13.844	31.795	35.563	38.885	41.923	42.856	45.642	48.290	51.627	54.052
27	11.808	14.573	32.912	36.741	40.113	43.195	44.140	46.963	49.645	53.023	55.476
28	12.461	15.308	34.027	37.916	41.337	44.461	45.419	48.278	50.993	54.411	56.892
29	13.121	16.047	35.139	39.087	42.557	45.722	46.693	49.588	52.336	55.792	58.301
30	13.787	16.791	36.250	40.256	43.773	46.979	47.962	50.892	53.672	57.167	59.703
31	14.458	17.539	37.359	41.422	44.985	48.232	49.226	52.191	55.003	58.536	61.098
32	15.134	18.291	38.466	42.585	46.194	49.480	50.487	53.486	56.328	59.899	62.487
33	15.815	19.047	39.572	43.745	47.400	50.725	51.743	54.776	57.648	61.256	63.870
34	16.501	19.806	40.676	44.903	48.602	51.966	52.995	56.061	58.964	62.608	65.247
35	17.192	20.569	41.778	46.059	49.802	53.203	54.244	57.342	60.275	63.955	66.619
36	17.887	21.336	42.879	47.212	50.998	54.437	55.489	58.619	61.581	65.296	67.985
37	18.586	22.106	43.978	48.363	52.192	55.668	56.730	59.893	62.883	66.633	69.346
38	19.289	22.878	45.076	49.513	53.384	56.896	57.969	61.162	64.181	67.966	70.703
39	19.996	23.654	46.173	50.660	54.572	58.120	59.204	62.428	65.476	69.294	72.055
40	20.707	24.433	47.269	51.805	55.758	59.342	60.436	63.691	66.766	70.618	73.402
41	21.421	25.215	48.363	52.949	56.942	60.561	61.665	64.950	68.053	71.938	74.745
42	22.138	25.999	49.456	54.090	58.124	61.777	62.892	66.206	69.336	73.254	76.084
43	22.859	26.785	50.548	55.230	59.304	62.990	64.116	67.459	70.616	74.566	77.419
44	23.584	27.575	51.639	56.369	60.481	64.201	65.337	68.710	71.893	75.874	78.750
45	24.311	28.366	52.729	57.505	61.656	65.410	66.555	69.957	73.166	77.179	80.077
46	25.041	29.160	53.818	58.641	62.830	66.617	67.771	71.201	74.437	78.481	81.400
47	25.775	29.956	54.906	59.774	64.001	67.821	68.985	72.443	75.704	79.780	82.720
48	26.511	30.755	55.993	60.907	65.171	69.023	70.197	73.683	76.969	81.075	84.037
49	27.249	31.555	57.079	62.038	66.339	70.222	71.406	74.919	78.231	82.367	85.351
50	27.991	32.357	58.164	63.167	67.505	71.420	72.613	76.154	79.490	83.657	86.661

참고문헌

김종호 (1993). *표본조사법*, 자유아카데미, 서울.

김철응, 이정열 (1999). *풀어쓴 표본추출론*, 서울.

박홍래 (2000). *통계조사론*, 영지문화사, 서울.

샘플링 아카데미 (2013). *표본조사입문*, 서울.

통계용어사전 (1991). *한국통계학회*, 자유아카데미, 서울.

허명회 (1998). *사회여론조사*, 자유아카데미, 서울.

Chochran, W. G. (1977) *Sampling Techniques*, John Wiley & Son, New York.

Dalenius, T. and Gurney M. (1951) The problem of optimum stratification II; Skand. *Aktuarietidskrift*, 133-148.

Dalenius, T. (1957) *Sampling in Sweden*. Almqvist and Wiksell. Stockholm.

Dalenius, T., & Hodges, J. (1957) The Choice of Stratification Points. *Scandinavian Actuarial Journal*, 198-203

Davidian, M. & Louis, T. A.(2012) Why Statisitcs?, *Science*, Vol 336, Issue 6077, p.12.

Ekman (1959). An approximation useful in univariate stratification. *Ann. Math. Statist*. 30, 219-29.

Ghosh, S. P. (1958), A Note on Stratified Random Sampling with Multiple Characters, *Calcutta Statistical Association Bulletin*, Vol. 8, 1958, pp. 81-89.

Gideo, L.(2012) *Handbook of Survey Methodology for the Social Sciences*, Springer, New York.

Hansen, M.H., Hurwitz, W.N. and Madow, W.G. (1953) *Sample Survey Methods and Theory*. Vol. 1, Wiley, New York.

Hess, I., Sethi, V.K. and Balakrishnan, T.R. (1966): Stratification: A practi-linvestigation, *Journal of the American Statistical Association*. 61, 74-90.

Kendall, M. G. and Babington, B. (1938), Randomness and Random Sampling Numbers, *Journal of the Royal Statistical Society*, Vol. 101, No. 1, pp. 147-166.

Neyman, J. (1934) On the Two Different Aspects of the Representative Method:

The Method of Stratified Sampling and the Method of Purposive Selection. *Journal of the Royal Statistical Society*, 97, 558-606.

Mahalanobis, P. C. (1944). On large-scale sample surveys. P*hilosophical Transactions of the Royal Society of London* B, 231, 239-451.

Murthy, M. N. (1957) Ordered and unordered estimators in sampling without replacement. *Sankhya*, 18, 379-390.

Roger J., Barry H., Peter L., Graham F., Anthony H., (1993) *The 1992 British Election: The Failure Of The Polls*, Public Opinion Quarterly, Vol. 57. 238-263.

Snedecor, G. W. and King, A. J. (1942) Recent developments in sampling for agricultural statistics. *Journal of the American Statistical Association* 37, 95-102.

Spirer, H. F, Spirer, L. & Jaffe, A. J. (1998) Misused Statistics, Marcel Dekker, New York.

Traub, R. E. (1994) *Reliability for Social Science*, SAGE, Thousand Oaks, New York.

Yamane, T. (1967) *Elementary Sampling Theory*, Prentice-Hall, Inc, New York.

Yates, F. (1949) *Sampling Methods for Censuses and Surveys*, Charles Griffin & Company limited, London.

찾아보기

표본추출방법론

지은이 김호일
펴낸이 조경희
펴낸곳 경문사
펴낸날 2014년 10월 30일 1판 1쇄
2023년 3월 2일 개정판 1쇄
등 록 1979년 11월 9일 제1979-000023호
주 소 04057, 서울특별시 마포구 와우산로 174
전 화 (02)332-2004 팩스 (02)336-5193
이메일 kyungmoon@kyungmoon.com

값 21,000원

ISBN 979-11-6073-605-2